高等院校"十二五"规划教材

现代工程制图基础

（上 册）

主 编 李长虹 刘 彩
副主编 王 玥 陈 素

U0360286

南京大学出版社

内容简介

本教材是参照教育部新修订的"普通高等院校工程图学课程教学基本要求",结合多年的教学经验并吸收了多本同类教材精华而编写的。

针对学生在学习工程制图时普遍存在的"理论知识易懂,实践起来困难"的这一实际情况,本教材尝试性地将理论知识、实践性习题及习题解答融汇在一起,以便能实现知识传授、学生练习、习题解答的一体化,从而引导学生有的放矢地把握学习内容,同时也能够让学生在解题之后,得到及时的正误判定并及时订正,达到事半功倍的效果。

教材由理论知识、实践性习题及习题解答三大部分组成。上册内容包括:制图的基本知识,投影基础,立体上的点、线、面的投影,立体的投影,组合体,轴测图;下册内容包括:机械图样的画法,连接件及常用件的表达,零件图,装配图,计算机绘图。

本教材可供高等工科院校 48~70 学时非机类各专业工程制图课程使用,也可供其他类型学校相关专业选用。

图书在版编目(CIP)数据

现代工程制图基础. 上册/李长虹,刘彩主编. —南京:南京大学出版社,2015.7(2023.8重印)
高等院校"十二五"规划教材
ISBN 978-7-305-15487-4

Ⅰ. ①现… Ⅱ. ①李… ②刘… Ⅲ. ①工程制图—高等学校—教材 Ⅳ. ①TB23

中国版本图书馆 CIP 数据核字(2015)第 148742 号

出版发行 南京大学出版社
社　　址　南京市汉口路 22 号　　　邮　　编　210093
出 版 人　王文军
丛 书 名　高等院校"十二五"规划教材
书　　名　现代工程制图基础(上册)
主　　编　李长虹　刘　彩
责任编辑　吴　华　　　　　　　编辑热线　025 - 83596997
照　　排　南京开卷文化传媒有限公司
印　　刷　广东虎彩云印刷有限公司
开　　本　787 mm×1092 mm　1/16　印张 15.75　字数 403 千
版　　次　2015 年 7 月第 1 版　2023 年 8 月第 8 次印刷
ISBN 978-7-305-15487-4
定　　价　48.00 元

网　　址:http://www.njupco.com
官方微博:http://weibo.com/njupco
官方微信号:njupress
销售咨询热线:(025)83594756

前　　言

本教材是参照教育部新修订的"普通高等院校工程图学课程教学基本要求",结合多年的教学经验并吸收了多本同类教材精华而编写的,适用于高等工科院校48~70学时非机类各专业使用,也可供其他类型学校相关专业选用。

本教材的特点:

(1) 继承与创新并重,理论与实践统一。本教材针对学生在学习工程制图时普遍存在的"理论知识易懂,实践起来困难"的现象,尝试性地将理论知识、实践性习题及习题解答融汇在一起,以便能实现知识传授、学生练习、习题解答的一体化,从而引导学生有的放矢地把握学习内容,同时也能够让学生在解题之后得到及时的正误判定并及时订正,逐步培养学生正确的解题思路,提高教学效果。

(2) 以投影制图作为重点,以体为核心和主线,通过形体将投影分析和空间想象结合起来,使点、线、面的投影与体的投影紧密结合,达到学以致用的目的,建立起平面图形与空间形体的对应关系。

(3) 教材中的实践性习题,选题由浅入深、覆盖面广、重点突出,每个习题都含有学生应该掌握的知识点,符合学生的认识规律。在题目的数量和难度上有一定的选择余地,以满足不同学生的需要,便于发挥学生的潜能和因材施教。

(4) 教材中贯彻了最新颁布的"机械制图"国家标准。

上册由贵州大学机械工程学院李长虹、刘彩主编,王玥、陈素担任副主编;下册由贵州大学机械工程学院陈素、刘彩、李长虹主编,阳明庆、姚丽华担任副主编。

本教材编写过程中,参阅了大量的文献专著,在此向这些编著者表示感谢。

由于编者水平有限,书中难免存在缺点和错误,真诚地希望广大读者予以批评指正。

编　者
2015 年 4 月

目　　录

第一部分　理论知识

第二部分　实践性习题

第三部分　习题解答

第一部分　理论知识

　　工程制图的主要任务是使用投影的方法用二维平面图形表达空间形体，因此，本部分的编写以体为核心和主线，将投影分析和空间想象结合起来，介绍常用二维图形表达方法的特点和应用。

　　上册知识点包含：制图的基本知识与技能；投影法的基本知识和投影原理；立体上的点、线、面投影特性及作图方法和步骤；立体的投影特性及绘图方法和步骤；组合体的形体分析法、线面分析法和绘制、阅读方法及步骤；轴测投影图的绘制方法和步骤。

绪　论

1. **工程制图课程的研究对象和性质**

图样是人类进行交流的三大媒介（语言、文字、图）之一，在现代工业生产中，各种机械、建筑、电气、采矿、水利、航天等工程的机器设备和仪器仪表的设计、制造、维修、使用，都离不开工程图样，工程图样是工程技术人员表达设计意图，交流设计思想，指导制造、维修、使用的重要的技术文件。工程图样被人们称为"工程界共同的技术语言"。工程制图是为一切涉及工程领域的人才提供空间思维和形象思维表达的理论及方法，因此每一个工程技术人员都必须掌握工程制图的基本理论和绘图的基本方法，具备绘制和阅读工程图样的能力，以适应现在及未来生产发展的需要。

本课程主要研究绘制和阅读工程图样的基本理论和方法，学习和应用"机械制图"和"技术制图"国家标准相关的规定。

本课程是高等工科院校的一门必修的技术基础课，它既有系统的理论，又有较强的实践性，它在培养工程技术人员空间思维和形象思维能力及工程素质方面具有特殊的地位和作用。

2. **工程制图课程的教学目的和任务**

本课程的教学目的是使学生掌握绘制和阅读工程图样的基本理论和基本方法。

课程的主要任务是：

① 学习正投影的基本理论及其应用；

② 掌握绘制和阅读工程图样的基本方法和技能；

③ 培养徒手绘图、尺规绘图、计算机绘图的综合绘图能力；

④ 培养空间逻辑思维能力和形象思维能力；

⑤ 培养严谨细致的工作作风和认真负责的工作态度。

3. **工程制图课程的学习方法**

① 掌握投影原理，理解基本概念，熟练地运用投影规律及投影特征，并将其融会贯通，灵活应用在工程制图的实践中。

② 运用投影原理进行积极的空间思维和形象思维，反复地进行从空间到平面又从平面到空间的学习和实践，建立空间形体和投影图形的对应关系和转化关系，逐步提高空间想像力和投影分析能力。

③ 掌握正确的画图步骤和分析方法，并且做到举一反三，准确、快速作出图形。

④ 重视实践，培养能力。该课程必须完成一定数量的习题和作业，是巩固和掌握基本理论和培养绘图、读图能力的基本保证和方法。因此，每个学生都应认真、按时、按量完成习题和作业。

⑤ 课后复习要着重研究书上的各个图例，按时完成作业，以便及时复习巩固所学的知识，发现存在的问题并及时加以解决。

⑥ 在学习工程制图的过程中，应自觉地遵守"机械制图"和"技术制图"国家标准的各项规定，并学会查阅和使用有关手册和国家标准。绘制的图样应达到：投影正确，图线分明，尺寸齐全，字体工整，符合制图各项国家标准。

第1章

制图的基本知识

 **内容提要**

本章主要介绍"技术制图"和"机械制图"国家标准对图纸幅面和格式、比例、字体、图线和尺寸标注的基本规定,介绍常用绘图工具的使用、绘图基本技能、几何作图方法、平面图形的分析及绘图步骤等方法。

 学习重点

1. "技术制图"和"机械制图"国家标准的基本规定。
2. 几何作图的方法。
3. 平面图形的分析方法和作图步骤。

 目的和要求

1. 熟悉图纸幅面、比例、字体、图线和尺寸标注等国家标准。
2. 能正确使用绘图工具和仪器。
3. 掌握等分线段、斜度和锥度、圆弧连接、绘制椭圆的基本绘图方法。
4. 掌握平面图形的尺寸分析和线段分析的方法。
5. 做到作图正确、图线分明、字体工整、整洁美观。

1.1 "技术制图"和"机械制图"国家标准的一般规定

工程图样是现代工业生产中主要的技术文件之一,是工程界进行技术交流的语言。为了便于生产和进行技术交流,我国国家质量技术监督局发布了"技术制图"和"机械制图"国家标准,对图样的表达方法、尺寸标注、所采用的符号作了统一的规定。

国家标准简称"国标",其代号为"GB"。例如,GB/T 14689—1993,其中"T"表示推荐性标准,"14689"是标准顺序号,"1993"是标准颁布的年代号。本节先简要介绍有关图纸幅面和格式、标题栏、比例、字体、图线和尺寸标注中的部分内容,其余有关内容将在以后各章中分别介绍。

1.1.1 图纸幅面和格式（GB/T 14689—1993）

1. 图纸幅面

图纸幅面简称图幅,是指图纸上允许布置图形的有效范围,绘图时应优先采用表 1 - 1 中所规定的基本幅面。

表1-1　图纸幅面尺寸
mm

幅面代号	A₀	A₁	A₂	A₃	A₄
$B \times L$	841×1 189	594×841	420×594	297×420	210×297
a	25				
c	10			5	
e	20		10		

当基本幅面不能满足视图的布置时,也允许选用规定的加长幅面。加长幅面时,基本幅面长边不变,沿短边延长方向成整数倍增加基本幅面的短边尺寸,如图1-1所示,图中粗实线为基本幅面,虚线为加长幅面。

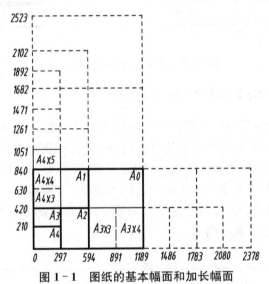

图1-1　图纸的基本幅面和加长幅面

2. 图框格式

在图纸上必须用粗实线画出图框,其格式分为留装订边(如图1-2)和不留有装订边(如图1-3)两种,其尺寸见表1-1。同一产品的图样只能采取同一种格式。

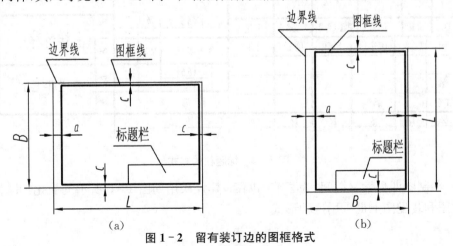

图1-2　留有装订边的图框格式

图框幅面可以横放和竖放，如图1-2、图1-3所示。

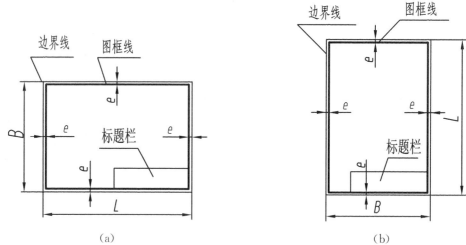

（a）　　　　　　　　　　　　　　　　（b）

图1-3　不留装订边的图框格式

1.1.2　标题栏（GB/T 10609.1—1989）

每张图纸中都要画出标题栏，标题栏的位置位于图纸的右下角，并且标题栏的方向与看图方向一致。若标题栏的长边与图纸的长边平行时，构成X型图纸，如图1-2(a)和图1-3(a)所示；若标题栏的长边与图纸的长边垂直时，构成Y型图纸，如图1-2(b)和图1-3(b)所示。

国家标准规定的在生产上使用的标题栏格式如图1-4所示，一般均印好在图纸上，不必自己绘制。标题栏的左上方为更改区，左下方为签字区，右边部分为名称及代号区，中间部分为其他区，包括材料标记、比例等内容。

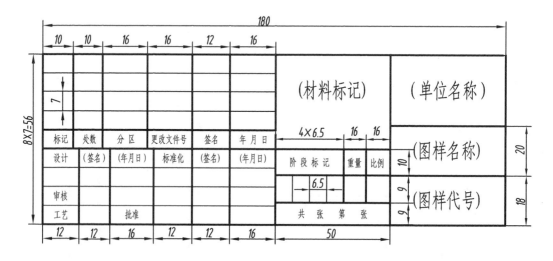

图1-4　标题栏的格式

此外，在制图课程学习期间，为了节约幅面，建议采用如图1-5所示的简化标题栏。本书中的零件图和装配图上也采用这种形式。

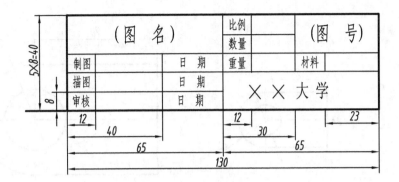

图1-5 简化标题栏

1.1.3 明细栏（GB/T 10609.2—1989）

一般在装配图中标题栏的上方绘制明细栏,其左边外框线为粗实线,内格线和顶线画成细实线,按照零件序号由下往上填写,明细栏中的序号必须与装配图上所编零件序号一致。当由下而上延伸位置不够时,可以紧靠标题栏左边自下而上延续绘制。

学习制图课程时,装配图中推荐使用的标题栏及明细栏格式如图1-6所示。

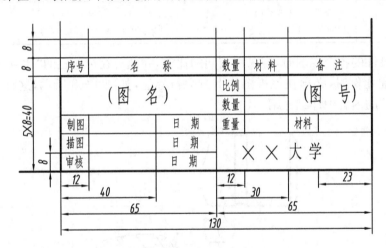

图1-6 装配图上的标题栏及明细栏

1.1.4 比例（GB/T 14690—1993）

图样所采用的比例是指图中图形与其实物相应要素的线性尺寸之比,分为原值比例、放大比例、缩小比例三种。但无论绘制机件时采用的是何种比例,在标注尺寸时,尺寸数值仍应按照机件的实际尺寸大小标注,与绘图的比例无关,如图1-7所示。

绘制机件图样时,应尽可能按机件的实际大小(1:1)画出,以便直接从图样上看出机件的真实大小。当机件太大或太小,不宜用1:1画图时,则选用缩小或放大比例,应从表1-2规定的系列中选取适当的绘图比例,优先选用不带括号的比例。

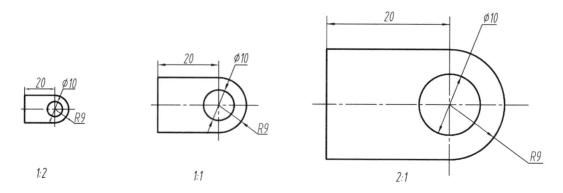

1:2 1:1 2:1

图 1-7 采用不同比例所绘制的视图及其标注

表 1-2 比例(n 为正整数)

原值比例	1:1
放大比例	(1:1.5)　1:2　(1:2.5)　(1:3)　(1:4)　1:5　(1:6) 1:1×10^n　(1:1.5×10^n)　1:2×10^n　(1:3×10^n) (1:4×10^n)　1:5×10^n　(1:6×10^n)
缩小比例	2:1　(2.5:1)　5:1　1×10^n:1　2×10^n:1 2×10^n:1　(2.5×10^n:1)　(4×10^n:1)　5×10^n:1

绘制同一机件的各个视图时,应采用相同的比例,并填写在标题栏的"比例"栏内。当某一视图需采用不同比例时,必须在该视图的上方另行标注,如图 1-8 所示,这种表达方法将在"局部放大视图"的内容中详细介绍。

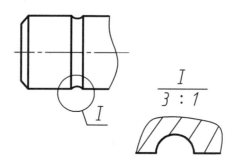

$\dfrac{I}{3:1}$

图 1-8 不同比例图的标注

1.1.5　字体(GB/T 14691—1993)

在图样上除了用图形来表达机件的结构形状外,还需要用数字、文字、符号来对其的大小和技术要求等内容加以说明。

1. 基本要求

图样中书写的汉字、数字、字母必须做到:"字体端正、笔画清楚、间隔均匀、排列整齐"。

2. 字号

字体的号数即字体的高度(单位:mm),分为 1.8、2.5、3.5、5、7、10、14、20,共八种。各种字体的大小要选择适当。

3. 汉字

图样上的汉字应写成长仿宋体,并应采用国家正式公布推行的简化字。汉字的高度不应小于 3.5 mm,字宽约等于 $h/\sqrt{2}$(约 $0.7h$)。长仿宋字的书写要领是:横平竖直、注意起落、结构匀称、填满方格,图 1-9 为 10 号与 7 号长仿宋体汉字的书写示例。

字体工整笔划清楚
间隔均匀排列整齐
横平竖直 结构均匀 填满方格

图 1-9 长仿宋字书写示例

4. 字母及数字

字母和数字分为 A 型和 B 型。A 型字体的笔画宽度(d)为字高(h)的 1/14,B 型字体的笔画宽度(d)为字高(h)的 1/10。在同一图样上,只允许选用一种型式的字体。字母和数字可写成斜体和直体,但全图要统一。斜体字的字头向右倾斜,与水平基准线成 75°。用作指数、分数、极限偏差、注脚等的数字及字母,一般应采用小一号的字体。图 1-10 为 B 型斜体字母、数字的书写示例。

图 1-10 字母、数字书写示例

1.1.6 图线(GB/T 17450—1998、GB/T 4457.4—2002)

1. 图线的型式及其应用

国家标准规定了图线的名称、型式、宽度以及在图中的一般应用。常用图线的名称、型式、宽度及一般应用见表 1-3。

图线的线宽分为粗、细两种。粗线的宽度 d 按图样的大小和复杂程度确定,在 0.5～2 mm 之间选取,推荐系列为 0.13、0.18、0.25、0.35、0.5、0.7、1.0、1.4、2.0。细线宽度是粗线的 1/2。

表 1-3 常用线型式及主要用途

图线名称	图线型式	图线宽度	应用举例
粗实线	——————————	d	可见棱边线、可见轮廓线、相贯线、螺纹牙顶线、齿顶圆（线）
细实线	——————————		尺寸线及尺寸界线、剖面线、指引线、螺纹的牙底线及齿轮齿根线、辅助线、投射线
波浪线	∿∿∿∿∿∿		断裂处的边界线、视图与剖视图的分界线
双折线	⌁⌁⌁	约 $d/2$	断裂处的边界线、视图与剖视图的分界线
虚线	- - - - - - - -		不可见棱边线、不可见轮廓线
细点划线	— · — · — · —		轴线、对称中心线、分度圆（线）、孔系分布的中心线
粗点划线	▬ ▪ ▬ ▪ ▬	d	限定范围表示线
双点划线	— ·· — ·· —	约 $d/2$	相邻辅助零件的轮廓线、运动机械在极限位置的轮廓线、成形前轮廓线

2. 图线的画法

① 同一图样中，同类图线的宽度应一致。虚线、点划线及双点划线线段长度和间隔应各自大致相等。

② 绘制圆的对称中心线时，圆心应为点划线上线段与线段的交点。点划线（以及双点划线）应超出图形轮廓线 2～5 mm，且超出的首尾末端应该是点划线的长划线部分，而不是点。

③ 当所绘制的圆较小，绘制点划线有困难时，圆的中心线可用细实线来代替（如图 1-11）。

④ 虚线、点划线、双点划线与其他图线相交时，如图 1-11 所示，都应交于线段处，而不应该交在间隔处；当虚线位于粗实线的延长线上时，粗实线与虚线的分界处应留有空隙。

⑤ 当各种线型重合时，应按粗实线、虚线、点划线的优先顺序来选择画出。

⑥ 两条平行线（包括剖面线）之间的距离应不小于粗实线线宽的两倍，且最小距离不得小于 0.7 mm。

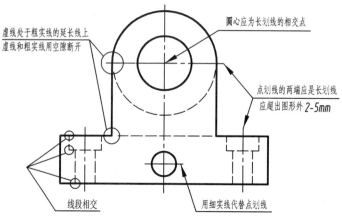

图 1-11 图线画法

3. 图线的应用举例

图1-12为上述几种图线的应用举例。在视图上,粗实线表示该零件的可见轮廓线,虚线表示不可见轮廓线,细实线用于表达尺寸线、尺寸界线及剖面线,波浪线表示断裂处的边界线,波浪线还表示视图与剖视的分界线,点划线表示对称中心及轴线,双点划线表示相邻辅助零件的轮廓线及极限位置的轮廓线。

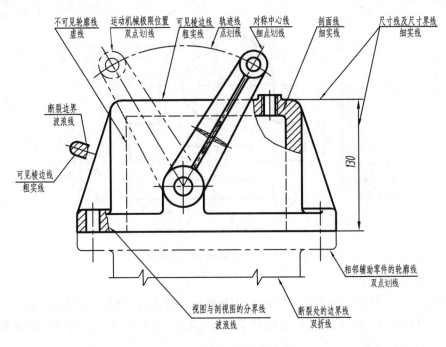

图1-12 图线及其应用

1.1.7 图样中尺寸标注基本方法

图样中的图形只能表达机件的结构和形状,而机件的大小则由图样上标注的尺寸来确定。零件的制造、装配、检验等都要根据尺寸来进行,因此尺寸标注是一项极为重要、细致的工作,必须认真细致,一丝不苟。如果尺寸有遗漏或错误,都会给生产带来困难和损失。国家标准规定了标注尺寸的一系列规定和方法,绘图时必须遵守。

尺寸标注的基本要求是:正确、完整、清晰、合理。

正确——尺寸标注要符合国家标准的有关规定。

完整——要标注制造零件所需要的全部尺寸,不遗漏,不重复。

清晰——标注在图形最明显处,布局整齐,便于看图。

合理——符合设计要求和加工、测量、装配等生产工艺要求。

下面介绍尺寸标注的一些基本方法,有些内容将在后面的有关章节中讲述,其他相关内容可查阅国标(GB/T 4458.4—2003)。

1. 基本规则

① 机件的真实大小应以图样上所注的尺寸数值为依据,与绘图比例大小及绘图准确度无关。

② 图样中(包括技术要求和其他说明)的尺寸以毫米为单位时,不需标注计量单位的代号

或名称;如采用其他单位,则必须注明相应的计量单位的代码或名称。

③ 图样中所标注的尺寸,应为机件最后完工尺寸,否则应加以说明。

④ 机件的每一个尺寸,一般只标注一次,且应标注在反映该结构最清楚的图形上。

2. 尺寸的组成

一个完整的尺寸应由尺寸界线、尺寸线、尺寸箭头和尺寸数字四个要素组成,如图 1-13 所示。

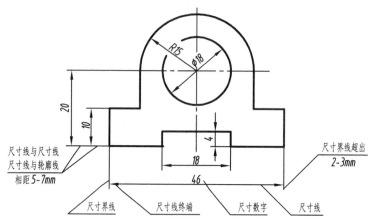

图 1-13 尺寸组成及标注示例

(1) 尺寸界线

尺寸界线表示尺寸的起止范围,用细实线绘制。一般由图形的轮廓线、轴线、对称中心线引出,也可利用轮廓线、轴线、对称中心线作为尺寸界线。尺寸界线一般与尺寸线垂直,并超出尺寸线的终端 2 mm,如图 1-13 所示。

(2) 尺寸线

尺寸线表明尺寸度量的方向,用细实线绘制,不能用其他的图线代替,一般也不得与其他图线重合或画在其他图线的延长线上。一般大尺寸要注在小尺寸外面,以避免尺寸线与尺寸界线相交。线性尺寸的尺寸线必须与所标注的线段平行。同一图样中,尺寸线与轮廓线之间以及尺寸线与尺寸线之间的距离应该大致相等,一般不宜小于 5 mm,如图 1-13 所示。在圆或圆弧上标注直径或半径尺寸时,尺寸线一般应通过圆心或其延长线通过圆心。

(3) 尺寸线终端

尺寸线终端有两种形式:箭头或细斜线,如图 1-14 所示。

(a) 箭头 (b) 斜线

图 1-14 尺寸线终端的两种形式

箭头适用于各种类型的图样。箭头的宽度 d 是图样中粗实线的线宽,箭头的长约为宽度的 4 倍。箭头的尖端应指到尺寸界线,同一张图样中所有尺寸箭头大小应基本相同。

细斜线用细实线绘制,图1－14(b)中的 h 为字体高度。当尺寸线终端采用斜线形式时,尺寸线与尺寸界线必须相互垂直。

(4) 尺寸数字

尺寸数字表明尺寸的数值。尺寸数字不能被任何图线通过,否则必须将该图线断开,如图1－13中的 $R15$ 和 $\phi18$ 处,分别将粗实线圆及点划线断开。

线性尺寸的数字一般应注写在尺寸线上方(如图1－13),也允许注写在尺寸线的中断处。线形尺寸数字的方向一般应按图1－15所示的方向注写,并尽可能避免在图示30°范围内标注尺寸。当无法避免时,可按图1－16的形式标注。

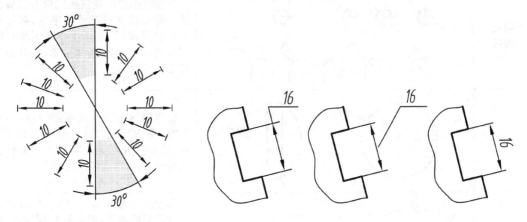

图1－15　线性尺寸数字的方向　　　　图1－16　在30°范围内的尺寸标注

3. 常用尺寸注法示例

表1－4中列出了国标对常用的尺寸标注做出的规定以及标注示例。

表1－4　常用尺寸的标注示例

标注内容	示　例	说　明
圆的直径	φ20　φ26 φ18	对于圆或大于半圆的圆弧应标注直径尺寸;直径尺寸应在尺寸数字前加注符号"ϕ";尺寸线应通过圆心,以圆周为尺寸界线,尺寸终端画成箭头
圆弧半径	R10　R20 R16	半圆或小于半圆的圆弧应标注半径尺寸;半径尺寸应在尺寸数字前加注符号"R";半径尺寸必须在投影为圆弧的图形上标注,并且尺寸线应自圆心引向圆弧,尺寸终端只画一个箭头
大圆弧	R80　R50 (a)　(b)	当圆弧的半径过大,或在图纸范围内无法标注其圆心位置时,可采用折线形式标注,如左图(a);若圆心位置不需要标出时,可按照左图(b)的形式标注

(续表)

标注内容	示 例	说 明
小尺寸	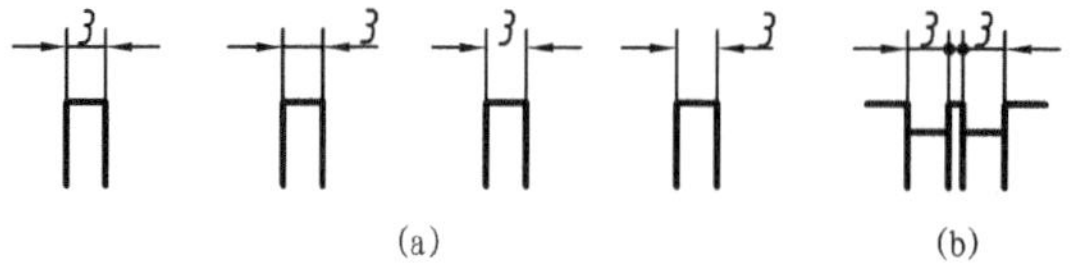 (a) (b)	对于较小尺寸在没有足够的位置画箭头或注写数字时,可以将箭头或尺寸数字放在尺寸界线的外侧,如左图(a)所示;当遇到连续的几个小尺寸时,允许用小圆点或斜线代替箭头,如左图(b)所示
小圆或小圆弧	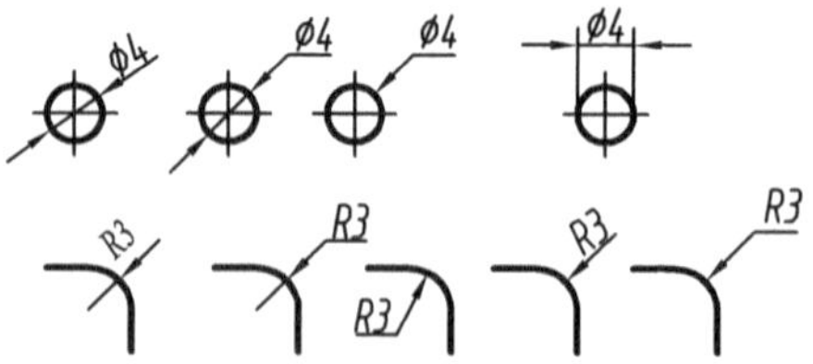 ⌀4 ⌀4 ⌀4 ⌀4 R3 R3 R3 R3	直径较小的圆或圆弧在没有足够位置画箭头或注写尺寸数字时,可按照左图的形式注写;标注小圆弧半径的尺寸线,不论其是否画到圆心,其方向都必须通过圆心
球面	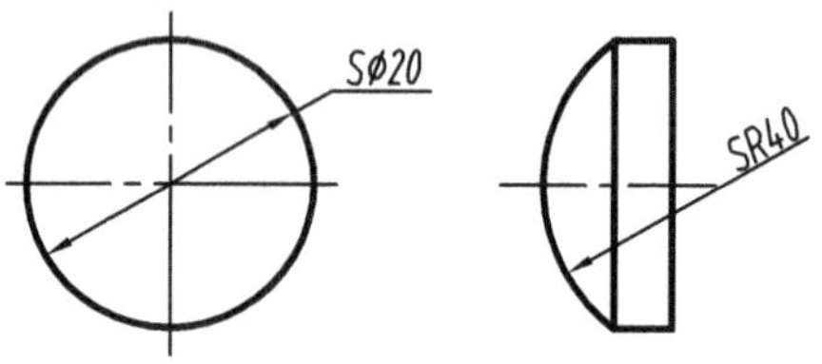 S⌀20 SR40	标注球面的直径或半径时,应在符号"⌀"或"R"前再加注符号"S";对标准件、轴及手柄的端部等,在不引起误会的情况下,可以省略符号"S"
角度	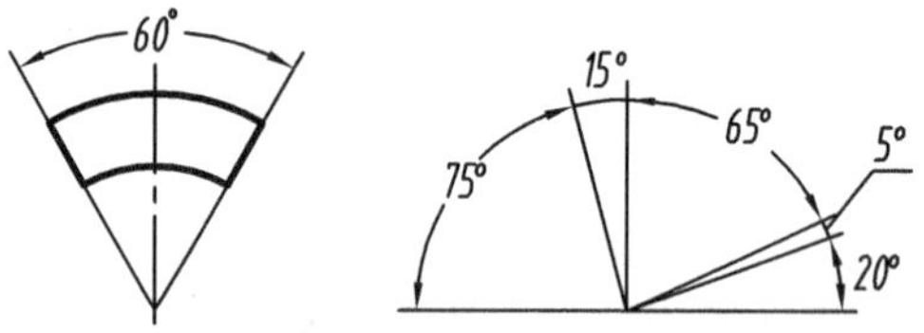 60° 75° 15° 65° 5° 20°	角度尺寸界线应沿径向引出;角度尺寸线画成圆弧,圆心是角的顶点;角度尺寸数字一律水平方向,一般标注写在尺寸线的中断处,必要时也可以写在尺寸线上方或外边,还可以引出标注
弦长和弧长	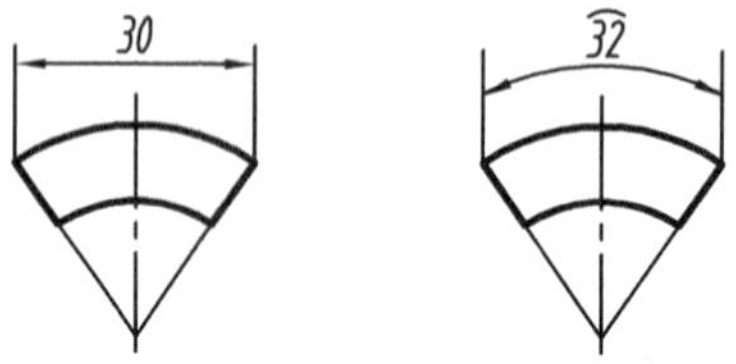 30 ⌒32	标注弦长和弧长时,尺寸界线应平行于该弦的垂直平分线;弧长的尺寸线为该弦的同心圆弧,并应在尺寸数字上方加注符号"⌒"
只画一半或大于一半时的对称机件	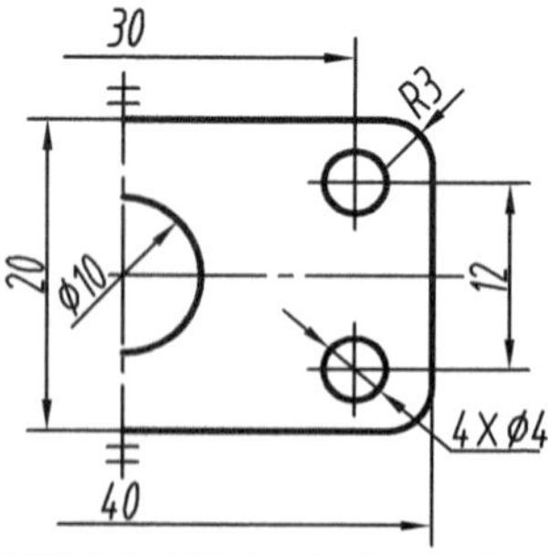 30 R3 20 ⌀10 12 40 4×⌀4	对称物体的图形只画出一半或略大于一半时,尺寸线应略超过对称中心或断裂处的边界线,并仅在尺寸线的一端画出箭头;对称或均匀分布的圆角或槽,一般只标注其中一个尺寸即可,如R3;对称或均匀分布的圆孔,一般也只标注一个尺寸,但要标注圆孔的数量,如4×⌀4
板状零件	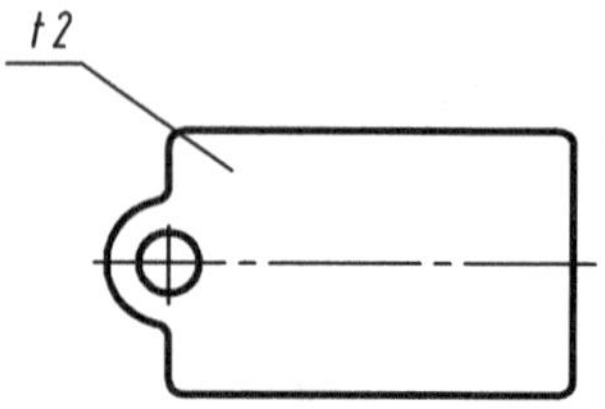 t2	当只有一个视图表示板状零件,且其厚度全部相同,标注其厚度尺寸时,可在其尺寸数字前加注符号"t"

标注内容	示 例	说 明
光滑过渡处的尺寸	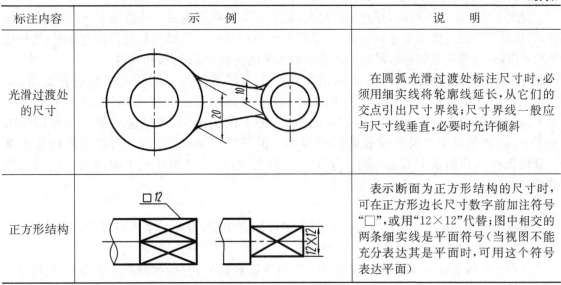	在圆弧光滑过渡处标注尺寸时，必须用细实线将轮廓线延长，从它们的交点引出尺寸界线；尺寸界线一般应与尺寸线垂直，必要时允许倾斜
正方形结构		表示断面为正方形结构的尺寸时，可在正方形边长尺寸数字前加注符号"□"，或用"12×12"代替；图中相交的两条细实线是平面符号（当视图不能充分表达其是平面时，可用这个符号表达平面）

1.2 绘图工具及其用法

要提高绘图的速度和图面质量，必须掌握各种绘图工具正确合理的使用方法。绘图时常用的普通绘图工具有：图板、丁字尺、三角板、圆规、分规、比例尺、曲线板、量角器、擦图片、绘图铅笔、绘图橡皮、削笔刀、擦图片、胶带纸等。下面分别介绍几种常用绘图工具的使用方法。

1. 绘图板、丁字尺、三角板

（1）图板

图板是用作画图的垫板，绘图时必须用胶带纸将图纸固定在图板上，如图 1-17 所示，要求其表面平坦光滑。图板的短边为导边，要求必须平直，以保证与丁字尺的尺头的内侧边良好接触。

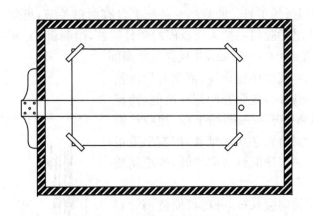

图 1-17 绘图板、丁字尺的使用

（2）丁字尺

丁字尺是用来画图纸上水平线的长尺。丁字尺由尺头和尺身组成，如图 1-17 所示，尺头和尺身的结合必须牢固。丁字尺的尺头的内侧和尺身的工作边都必须平直。

使用丁字尺画水平线时，用左手握尺头，使丁字头紧靠图板的左导边作上下移动，右手执笔，沿尺身上部的工作边自左向右画线，如图1-18(a)所示。用铅笔沿尺边画直线时，笔杆应稍向外倾斜，尽量使笔尖靠近尺边。如果画的水平线较长，左手应按牢尺身。

将图纸固定在图板上时，如果采用的是预先印好图框和标题栏的图纸进行绘图，则应使用图纸的水平框线对准丁字尺的工作边，再将其固定在图板上，以保证图上的所有水平线与图框线平行。如果采用较大的图板，为了便于画图，图纸应尽量固定在图板的左下方，以便使用丁字尺和减轻画图的劳累。但图纸固定在下方的位置，必须保证图纸下部的图框线到图板下部的距离大于丁字尺的宽度，以保证图纸最下面的水平线得以准确绘制。

（3）三角板

三角板有45°和30°/60°两块。三角与丁字尺配合使用，可画出垂直线以及45°、30°、60°、75°、15°等角度的倾斜线，如图1-18(c)所示。

使用三角板画垂直线时，将三角板的一个直角边紧靠在丁字尺尺身的工作边上，铅笔沿三角板的另一个直角边自下而上划线，如图1-18(b)所示。

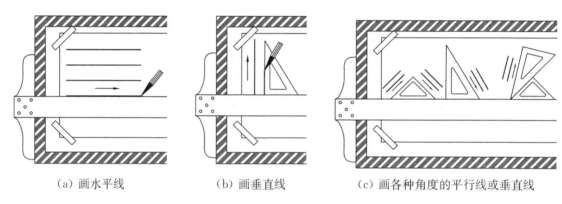

（a）画水平线　　　　　（b）画垂直线　　　　（c）画各种角度的平行线或垂直线

图1-18　三角板、丁字尺的使用

2. 圆规

圆规是画圆或画圆弧的工具。圆规的一条腿上具有肘形关节，可装入铅笔插腿或直线笔插腿，称为活动腿。铅笔插腿可以插入软或硬的两种铅芯，绘制粗、细两种不同图线时，可以调换铅芯。铅芯露出长度约为5～6 mm，并且要经常磨削。

在使用圆规时，先将圆规两腿合拢，使钢针尖比铅芯的尖端略长。在绘制圆时，先张开圆规的两腿，使钢针尖与铅芯尖端的距离等于所画圆的半径，然后将钢针尖轻轻插入纸面圆心处，铅芯接触纸面，用右手手指捏住圆规顶端手柄，铅芯作顺时针方向旋转，即绘制成一个圆。

在绘制大圆时，需使用接长杆，并尽可能使钢针和铅芯垂直于纸面，如图1-19所示。

3. 分规

分规是用来量取线段和分割线段的工具。为了准

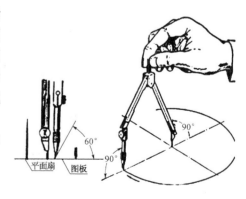

图1-19　圆规的使用

确地度量尺寸,分规的两针尖应该平齐,分割线段时,将分规的两针尖调整到所需的距离,然后用右手手指捏住分规端部手柄,使分规两针尖沿线段交替作为圆心旋转前进,如图 1 - 20 所示。

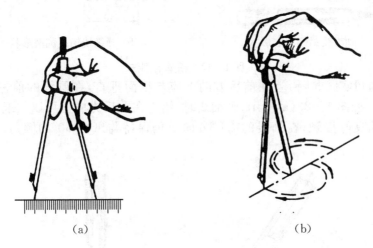

（a）　　　　　　　　　　　　（b）

图 1 - 20　分规的用法

4．曲线板

曲线板用来画非圆曲线,其轮廓由多段不同曲率半径的曲线组成。描绘曲线时,先徒手用铅笔轻轻地将已求出的各点顺次连成曲线,再根据曲线曲率大小和弯曲方向,从曲线板上选取与徒手绘制的曲线相吻合的一段与其贴合,并将曲线描深。每次连接应至少通过曲线上的 3 个点,并注意每画一段曲线都要比与曲线板贴合的部分稍短一些,这样才能使所画的曲线光滑过渡,如图 1 - 21 所示。

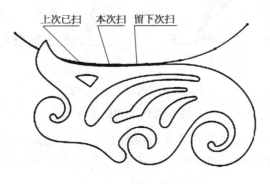

上次已扫　本次扫　留下次扫

图 1 - 21　曲线板的用法

5．绘图铅笔

一般采用木质绘图铅笔,其末端印有铅笔硬度的标记。绘图铅笔的铅芯硬度由代号 H 和 B 来确定,H 前面的数字越大,表示铅芯越硬,画出来的图线就越浅,B 前面的数字越大,表示铅芯越软,画出来的图线就越黑,而 HB 则表示两者之间的中等硬度。

在绘图时,一般要同时准备 B、HB、H、2H 型号的绘图铅笔数支:绘制粗实线一般采用 B 或 HB 型号的铅笔;绘制各种细线以及画底稿可以采用稍硬的 H 或 2H 铅笔;写字、画箭头可采用 H 或 HB 的铅笔。用于绘制粗实线的铅笔和铅芯应磨成矩形断面,如图 1 - 22(a)所示;绘制各种细线以及画底稿的铅笔和铅芯应磨成圆锥形笔尖,如图 1 - 22(b)所示。

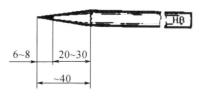

（a）画粗线铅笔削磨形状　　　　　　　（b）画细线铅笔削磨形状

图 1－22　铅笔的削法

使用铅笔画粗实线时，铅笔在前后方向上应与纸面垂直，在画线的前进方向上应与纸面保持 60°倾角，如图 1－23(a)所示；画细线时，铅笔在前后方向上可以与纸面稍微倾斜，以保证笔尖与尺面良好接触，在画线的前进方向上仍保持与纸面 60°的倾角，如图 1－23(b)所示。

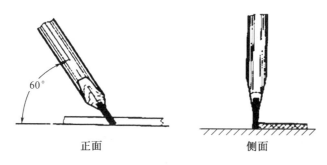

（a）画粗线时铅笔使用方式

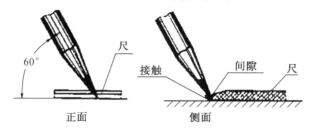

（b）画细线时铅笔使用方式

图 1－23　铅笔的使用

另外，在绘图时，除以上介绍的几种常用绘图工具之外，还需要准备一些其他的作图工具，如绘图模板、量角器、简易的擦图片、削笔刀、橡皮、固定图纸用的塑料透明胶纸、磨铅笔用的砂纸等等。

1.3　几何作图

工程图中的图形基本上都是由直线、圆弧和其他一些曲线段所组成的几何图形。在制图过程中，我们常会遇到等分线段、等分圆周、作正多边形、画斜度和锥度、圆弧连接以及绘制非圆曲线等的几何作图问题，这些平面图形作图的几何原理和方法，称为几何作图。

1.3.1　等分已知线段

已知线段 AB，现将其四等分，作图方法和过程如图 1－24 所示。

作图 ① 过 AB 线段的一个端点 A 任意作一条射线 AC，在 AC 上用分规任意截取 4 等份，得到 1、2、3、4 各等分点。

② 将最后的等分点 4 与 AB 线段的另一个端点 B 连接，然后分别过各个等分点 1、2、3 作线段 $4B$ 的平行线，并与线段 AB 相交，交点 $1'$、$2'$、$3'$ 即为线段 AB 等分点。

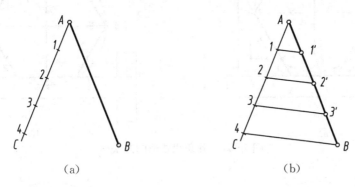

(a)　　　　　　　　　　(b)

图 1 - 24　四等分线段

1.3.2　作正多边形(等分圆周)

1. 作正五边形(五等分圆周)

已知外接圆直径，求作正五边形(或将已知圆五等分)，作图方法和过程如图 1 - 25 所示。

作图 ① 取外接圆半径 OA 的中点 B。

② 以 B 为圆心，BE 为半径作圆弧，交水平直径于 F 点，线段 EF 即正五边形的边长。

③ 以 E 为圆心，以 EF 为半径作圆弧，在已知圆周上依次截取得到其余四个分点 2、3、4、5 点，即得圆周的 5 个等分点，用粗实线连接各分点即得正五边形。

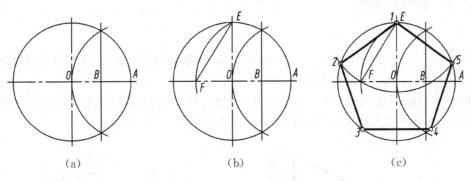

(a)　　　　　　(b)　　　　　　(c)

图 1 - 25　五等分圆周

2. 作正六边形(六等分圆周)

(1) **方法一**　已知外接圆直径，使用 $30°/60°$ 三角板与丁字尺配合作图，如图 1 - 26 所示。

作图 ① 用丁字尺确定水平方向，用 $60°$ 三角板在已知圆周上过 1、4 两点直接作出正六边形的四条边，并在圆周上交得 2、3、5、6 点，即得圆周的 6 个等分点。

② 用丁字尺沿水平方向连接 2、3 点和 5、6 点，即得正六边形。

(2) **方法二**　已知外接圆直径，使用分规直接等分，如图 1 - 27 所示。

作图 ① 分别以 1、4 两点为圆心，外接圆半径为半径，画圆弧交圆周于 2、3、5、6 点，即得圆周的 6 个等分点。

② 用粗实线连接各个等分点即得正六边形。

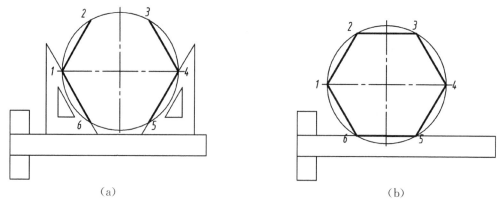

图 1-26 作正六边形的方法一

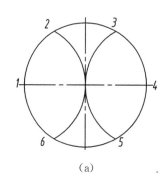 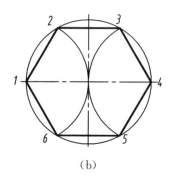

(a)   (b)

图 1-27 作正六边形的方法二

1.3.3 斜度与锥度

1. 斜度

斜度是指一直线(或平面)对另一直线(或平面)的倾斜程度。斜度的大小用倾斜角 α 的正切来表示:斜度$=\tan\alpha=H/h$,如图1-28(a)所示。

制图中一般将斜度化为 $1:n$ 的形式进行标注,并且要在前面加注斜度图形符号。如图1-28(b),左边具有斜度为 $1:6$ 的斜线,其作图方法见表1-5所示。

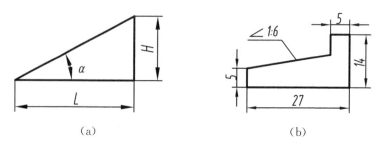

(a)   (b)

图 1-28 斜度

表 1 - 5 斜度的作图方法

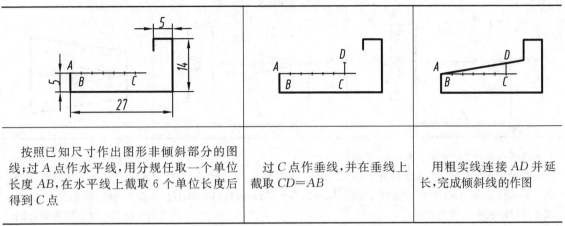

按照已知尺寸作出图形非倾斜部分的图线;过 A 点作水平线,用分规任取一个单位长度 AB,在水平线上截取 6 个单位长度后得到 C 点	过 C 点作垂线,并在垂线上截取 CD=AB	用粗实线连接 AD 并延长,完成倾斜线的作图

斜度的图形符号如图 1 - 29(a)所示,图中尺寸 h 为数字的高度,符号的线宽为 $h/10$。斜度的标注如图 1 - 29(b)、(c)、(d)所示,标注时应注意斜度符号的方向应该与倾斜的方向一致。

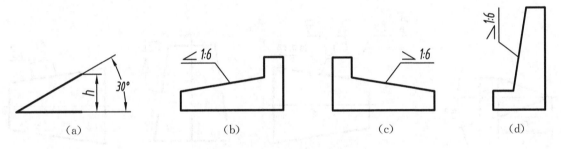

图 1 - 29 斜度的图形符号及标注法

2. 锥度

锥度是正圆锥体底圆直径 D 与圆锥高度 L 之比,或圆锥台两底圆直径之差($D-d$)与锥台高度 l 之比,即锥度=D/L 或 $(D-d)/l$,如图 1 - 30(a)所示。

制图中一般将锥度化为 1∶n 的形式标注,并且要在前面加注锥度图形符号,如图 1 - 30(b)所示,具有锥度为 1∶3 的锥面,其作图方法见表 1 - 6 所示。

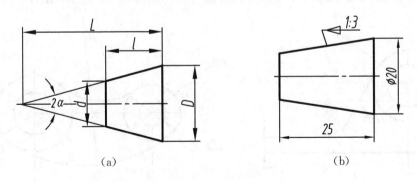

图 1 - 30 锥度

21

表 1-6　锥度的作图方法

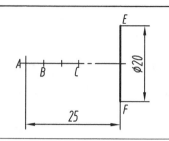	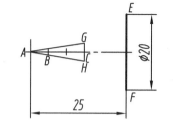	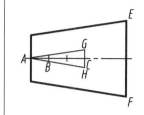
根据圆台尺寸 25 和 φ20 作出 A 点和大底圆投影 EF 线段；过 A 点用分规任取一个单位长度 AB，在锥台轴线上截取 3 个单位长度后得到 C 点	过 C 点作垂线，并使线段 $GH=AB=2CG=2CH$；连接 AG 和 AH	分别过 E、F 点用粗实线作 AG 和 AH 的平行线，确定出小底圆的投影线段，从而完成锥台的投影作图

锥度的图形符号如图 1-31(a)所示，图中尺寸 h 为数字的高度，符号的线宽也为 h/10。锥度的标注方法如图 1-31(b)、(c)、(d)所示。标注时，基准线应与圆锥的轴线平行，锥度图形符号的方向应与锥面方向一致。

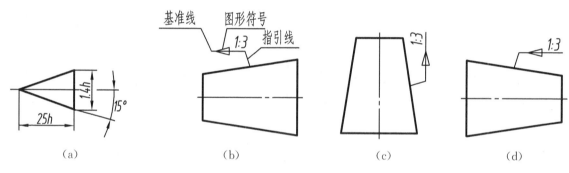

图 1-31　锥度的图形符号及标注法

1.3.4　圆弧连接

在绘制机件轮廓线时，常会用圆弧光滑地连接另外的圆弧或直线，这样的作图过程称之为圆弧连接，其实质就是使圆弧与直线相切或圆弧与圆弧相切，如图 1-32 所示。

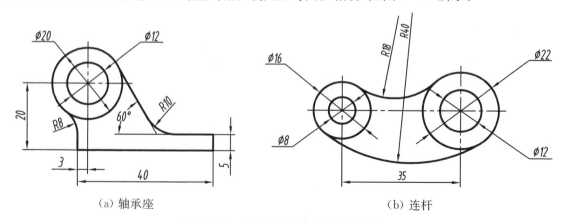

（a）轴承座　　　　　　　　　　　　　　　（b）连杆

图 1-32　机器零件上的各种圆弧连接

在图1-32中,可以根据尺寸直接作出的图线称为已知线段。图1-32(a)中圆弧$R8$、$R10$和图1-32(b)中圆弧$R18$、$R40$的圆心位置和起止点位置均未明确表明,且分别与两端的已知线段光滑相切连接,这种起连接作用的圆弧称为连接线段。

在作图时,要正确确定这些连接圆弧的位置就必须根据连接圆弧与已知线段光滑相切的几何性质,用几何作图的方法准确求出连接圆弧的圆心位置以及它们与已知线段的相切点。

1. 圆弧连接的几何原理

(1) 当一圆弧(半径R)与一已知直线相切

此时,其圆心轨迹是一条与已知直线平行,且相距R的直线L。自连接圆弧的圆心向已知直线作垂线,其垂足即为切点,描深连接线段时,切点T即为直线与圆弧的分界点,如图1-33(a)所示。

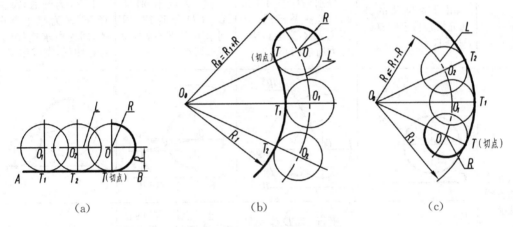

(a)　　　　　　　　　　(b)　　　　　　　　　　(c)

图1-33　圆弧连接的几何原理

(2) 当一圆弧(半径R)与一已知圆弧(半径R_1)相切

此时,其圆心轨迹是已知圆弧的同心圆L,该同心圆的半径R_0的大小要根据相切的情况而定。

① 当两圆弧外切时,其相切圆弧的圆心轨迹半径$R_0 = R_1 + R$,其切点T是连心线与两圆弧的共有交点,如图1-33(b)所示。

② 当两圆弧内切时,其相切圆弧的圆心轨迹半径$R_0 = R_1 - R$,其切点T是连心线的延长线与两圆弧的共有交点,如图1-33(c)所示。

2. 常见的圆弧连接形式

常见的圆弧连接形式和作图方法及其步骤详见表1-7所示。

表 1-7　常见的圆弧连接形式和作图方法

连接形式	已知条件	作图方法及其步骤		
		① 求连接圆弧圆心	② 求切点	③ 画连接圆弧
圆弧连接两条已知直线	用半径为 R 的圆弧光滑连接已知直线 AB 和 CD	分别平行于 AB 和 CD 作一平行线，且距离为 R，交于 O 点，即为所求圆心	过 O 点分别向 AB、CD 作垂线，得到垂足 F、E 点，即为所求切点	以 O 为圆心，R 为半径，E、F 为起止点作圆弧，即为所求连接圆弧，加粗图线，完成作图
圆弧外接已知直线和圆弧	用半径为 R 的圆弧光滑外切连接已知圆弧 R_1 和直线 CD	平行于 CD 作一平行线，距离为 R；以 O_1 为圆心，(R_1+R) 为半径作圆弧，交平行线于 O 点，即为所求圆心	过 O 点作 CD 的垂线，垂足 E 是所求圆弧与 CD 的切点；连接 OO_1，与已知圆交于 F 点，即为所求圆弧与已知圆的外切点	以 O 为圆心，R 为半径，E、F 为起止点作圆弧，即为所求连接圆弧，加粗图线，完成作图
圆弧外接两已知圆弧	用半径为 R 的圆弧光滑外切连接已知圆弧 R_1 和 R_2	以 O_1 为圆心，(R_1+R) 为半径作圆弧，再以 O_2 为圆心，(R_2+R) 为半径作圆弧，两圆弧交于 O 点，即为所求圆心	分别连接 OO_1 和 OO_2，与已知两圆交于 E、F 点，即为所求圆弧与已知两圆的外切点	以 O 为圆心，R 为半径，E、F 为起止点作圆弧，即为所求连接圆弧，加粗图线，完成作图

（续表）

连接形式	已知条件	作图方法及其步骤		
		① 求连接圆弧圆心	② 求切点	③ 画连接圆弧
圆弧内接两已知圆弧	用半径为 R 的圆弧光滑内切连接已知圆弧 R_1 和 R_2	以 O_1 为圆心、($R-R_1$) 为半径作圆弧，再以 O_2 为圆心、$R-R_2$ 为半径作圆弧，两圆弧交于 O 点，即为所求圆心	分别连接 OO_1 和 OO_2，并延长，与已知两圆交于 E、F 点，即为所求圆弧与已知两圆的内切点	以 O 为圆心，R 为半径，E、F 为起止点作圆弧，即为所求连接圆弧，加粗图线，完成作图

3. 圆弧连接的作图实例

【例 1-1】 求作图 1-32(a)所示轴承座上的圆弧连接。

分析 图 1-32(a)中有两处圆弧连接，分别是半径为 $R10$ 的圆弧光滑连接已知线段 AB 和 AC，半径为 $R8$ 的圆弧光滑外切连接已知圆 $\phi20$ 和直线 EF。

作图 ① 求连接圆弧圆心：分别作与已知直线 AB、AC 相距为 10 mm 的平行线，其交点 O_1 为连接圆弧 $R10$ 的圆心；作已知直线相距为 8 mm 的平行线，再以 O 为圆心、$R(10+8)$ 为半径作圆弧，此圆弧与平行线的交点 O_2 为连接圆弧 $R8$ 的圆心，如图 1-34(a)所示。

② 求切点：过 O_1 分别作 AB 和 AC 的垂线，垂足 T_1 和 T_2 即为连接圆弧 $R10$ 的切点；过 O_2 作 EF 的垂线，得到切点 T_3，再连接 OO_2，与已知圆 $\phi20$ 相交于切点 $T4$，如图 1-34(b)所示。

③ 画连接圆弧：用粗实线以 O_1 为圆心，以 $R10$ 为半径，用粗实线自 T_1 至 T_2 画圆弧；以 O_2 为圆心，以 $R8$ 为半径，用粗实线自 T_3 至 T_4 画圆弧，即完成作图，如图 1-34(c)所示。

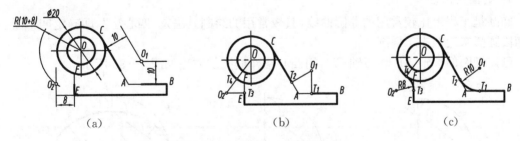

图 1-34 例 1-1 作图示意图

【例 1-2】 求作图 1-32(b)所示连杆上的圆弧连接。

分析 图 1-32(b)中有两处圆弧连接，分别是半径为 $R18$ 的圆弧光滑外切连接已知圆 $\phi16$ 和圆 $\phi22$，半径为 $R40$ 的圆弧光滑内切连接已知圆 $\phi16$ 和圆 $\phi22$。

作图 ① 求外切连接圆弧圆心：以 O_1 为圆心，$R(8+18)$ 为半径作圆弧，再以 O_2 为圆心，$R(11+18)$ 为半径作圆弧，两圆弧交点 O 为外切连接圆弧 $R18$ 的圆心，如图 1-35(a)所示。

② 求外切切点：连接 OO_1 和 OO_2，分别与已知圆 $\phi16$ 和 $\phi22$ 交于切点 T_1 和 T_2，如图

1－35(b)所示。

③ 画外切连接圆弧:用粗实线以 O 为圆心,$R18$ 为半径,用粗实线自 T_1 至 T_2 画圆弧,即完成作图,如图 1－35(c)所示。

④ 求内切连接圆弧圆心:以 O_1 为圆心,$R(40-8)$ 为半径作圆弧,再以 O_2 为圆心,$R(40-11)$ 为半径作圆弧,两圆弧交点 O 为外切连接圆弧 $R40$ 的圆心,如图 1－35(d)所示。

⑤ 求外切切点:连接 OO_1 和 OO_2 并延长,分别与已知圆 $\phi16$ 和 $\phi22$ 交于切点 T_1 和 T_2,如图 1－35(e)所示。

⑥ 画外切连接圆弧:用粗实线以 O 为圆心,$R40$ 为半径,用粗实线自 T_1 至 T_2 画圆弧,即完成作图,如图 1－35(f)所示。

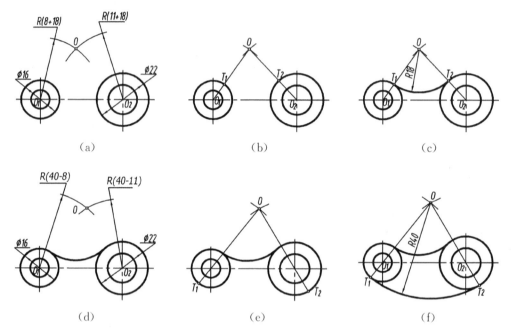

图 1－35　例 1－2 的作图示意图

4. 椭圆的画法

椭圆是工程上比较常用的非圆曲线,其较常用的绘制方法是"四心法",即确定四个圆心绘制四段圆弧来近似表示椭圆。

已知椭圆的长轴 AB 和短轴 CD,用四心法作椭圆的方法如图 1－36 所示。

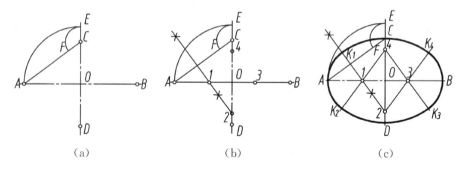

图 1－36　四心法作椭圆

作图　① 连接 AC;以 O 为圆心、OA 为半径作圆弧,与 OC 的延长线交于 E 点;以 C 为圆心、CE 为半径作圆弧，与 AC 交于 F 点，如图 1-36(a)所示。

② 作 AF 的垂直平分线，分别交椭圆的长、短轴于 1、2 两点；分别作 1、2 两点对圆心 O 的对称点 3、4，即确定出四段圆弧的圆心 1、2、3、4，如图 1-36(b)所示。

③ 连接 23、43、41 并延长；分别以 1、3 为圆心、$1A=3B$ 为半径作圆弧 K_1AK_2 和 K_3BK_4；分别以 2、4 为圆心、$2C=4D$ 为半径作圆弧 K_1CK_4 和 K_2DK_3，即用四段圆弧近似绘制得椭圆，如图 1-36(c)所示。

1.4 平面图形的尺寸分析和线段分析

平面图形由许多线段组成，因此需要分析平面图形的组成及其线段的性质，从而确定作图的步骤。

1.4.1 平面图形的尺寸分析

1. 尺寸的分类

平面图形中的尺寸按其在图形中的作用，可分为定形尺寸和定位尺寸两类，现以图 1-37 的平面图形为例进行分析。

(1) 定形尺寸

确定图形中各部分几何形状大小的尺寸，称为定形尺寸，如直线的长短、圆的直径、圆弧的半径以及角度的大小等。如图 1-37 所示，尺寸 70 和 40 为矩形的定形尺寸，$\phi12$ 是两对称圆的定形尺寸，12 和 30 是矩形缺口的定形尺寸。

(2) 定位尺寸

确定各几何形状之间相对位置的尺寸，称为定位尺寸。如图 1-37 所示，50 和 25 是对称两圆的定形尺寸。

2. 尺寸的基准

标注尺寸的起点称为尺寸的基准，简称基准。对平面图形来说，常用的尺寸基准是对称图形的对称线、圆的中心线或较长的直线。一个平面图形在长、宽两个方向上应各有一个主要尺寸基准。如图 1-37 所示，长度方向以图形左右对称线为主要尺寸基准，宽度方向以最上端直线为主要尺寸基准。

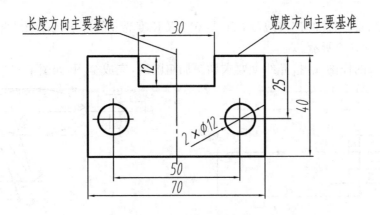

图 1-37 平面图形的尺寸分析

1.4.2 平面图形的线段分析

平面图形中的线段（直线或圆弧），根据其尺寸的标注可分为三类：

1. 已知线段

具有齐全的定形尺寸和定位尺寸，能够直接画出的线段是已知线段，如图 1-38 中的圆弧 $R5.5$（其圆心位置可以由 80 确定）。

2. 中间线段

具有定形尺寸，但还缺少某一个定位尺寸，必须根据与其两端相邻的线段的连接关系才能画出的线段为中间线段。如图 1-38 中的圆弧 $R52$，其圆心位置需由 $\phi26$ 与 $R5.5$ 的内切关系来确定。

3. 连接线段

只具有定形尺寸，而无定位尺寸（或不标注任何尺寸，如公切线）的线段为连接线段。连接线段也必须根据与其两端相邻的线段的连接关系才能画出。如图 1-38 中的线段 $R30$，其圆心位置需由 $R52$ 和 $\phi19$ 及长度尺寸 6 来确定。

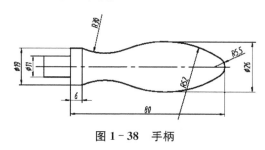

图 1-38 手柄

1.4.3 平面图形的作图步骤

在对平面图形进行线段分析的基础上，在绘制平面图形时，应先画出已知线段，再画出中间线段，后画出连接线段，最后对整个图形加粗加深。以图 1-38 中的手柄为例，具体作图步骤如图 1-39 所示。

作图 ① 作出图形的基准线，画已知线段，如图 1-39(a)所示。

② 画中间线段，对称的中间线段 $R52$ 与 $\phi26$ 的外形线相内切，与 $R5.5$ 圆弧内切，如图 1-39(b)所示。

③ 画连接线段，对称的连接线段 $R30$ 与 $\phi19$ 及长度为 6 的外形线段末端相并与 $R52$ 圆弧相外切，如图 1-39(c)所示。

④ 擦去多余的作图线，按照线型要求加深加粗图线，完成全图，如图 1-39(d)所示。

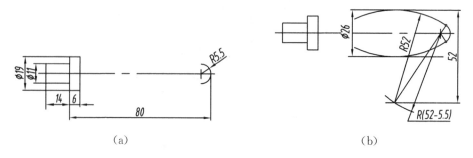

(a)　　　　　　　　　　　　　　　　　　(b)

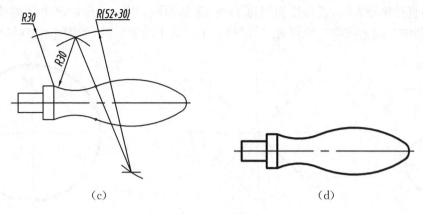

（c）　　　　　　　　　　　　（d）

图 1-39　手柄作图示意

1.5　徒手绘图

徒手绘图是指不用仪器（或部分使用绘图仪器）而以目测估计比例徒手绘制的图。徒手图也叫草图。

在零、部件测绘或作设计构思阶段常要画出草图，经确认后再画成仪器图。用计算机绘图时，也要先徒手画出草图后再上机绘画。徒手绘制草图可以加速新产品的设计、开发，有助于组织、形成和拓展思路，便于现场绘制，节约作图时间，所以对于工程技术人员来说，除了要学会用尺规、仪器绘图和计算机绘图纸外，还必须具备徒手绘制草图的能力。

1.5.1　徒手画直线的方法

徒手画直线时，常将小手指靠纸面，以保证线条画得直，眼睛应看着画线的终点，手腕放松，轻轻移动手腕和手臂，使笔尖向着要画线的方向作直线运动。画线的方向应自然，切不可为了加粗线型而来回地涂画。如果感到直线的方向不够顺手，可将图纸转一适当的角度。徒手画水平线、垂直线及斜线的方法如图 1-40 所示。

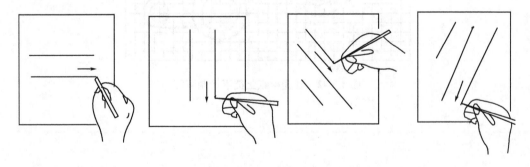

图 1-40　徒手画水平线、垂直线及斜线的方法

1.5.2　徒手画圆的方法

徒手画圆时，应先作两条相互垂直的中心线，确定出圆心，再根据直径大小，用目测估计的方法，在中心线上截取得 4 点，然后过这 4 个点徒手绘制成圆，如图 1-41(a)所示。

当圆的直径比较大时,还可以再过圆心画45°的斜线,用一纸片标出半径的长,由圆心出发,在斜线和中心线上截取8个点,然后过这8个点徒手绘制成圆,如图1-41(b)所示。

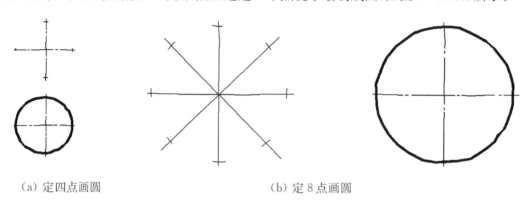

（a）定四点画圆　　　　　　　（b）定8点画圆

图1-41　徒手画圆

1.5.3　徒手画平面图形

在坐标纸上进行徒手绘图,可大大提高绘图质量。利用方格纸可以很方便地控制图形各部分的大小、比例,并保证各个视图之间的投影关系,一般使用5 mm×5 mm一格的坐标纸。

图1-42为在坐标纸上徒手画出物体的三个视图草图的示例。画图时,应尽可能使图形上主要的水平、垂直轮廓线以及圆的中心线与坐标纸上的线条重合,这样有利于准确绘制图形。

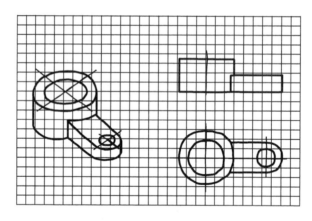

图1-42　在坐标纸上徒手绘制草图

第 2 章

投影基础

内容提要

本章主要论述投影的基本理论,包括投影法的基本知识、正投影的基本性质、物体的三面正投影图的形成及其投影特性、由立体画三视图的方法。

学习重点

1. 投影法的基本知识。
2. 正投影的基本性质。
3. 三投影面体系的建立。
4. 三视图的投影规律及作图方法。

目的和要求

1. 学习正投影法的基本原理、正投影的基本性质,掌握三面正投影图的投影规律及其作图方法。
2. 初步建立起空间物体和投影图之间的对应关系,为今后学习投影基础理论提供感性认识。

2.1 投影法的基本知识

在工程设计和生产制造中,需要用图样来表达机器和零件,为了将空间的形体表示为平面图形,采用了投影的方法。

2.1.1 投影法的形成

在日常生活中,经常会看到:在灯光或阳光的照射下,人、树木、建筑会在地面、桌面或墙壁上出现它的影子,这就是投影的自然现象。把投影的自然现象,用几何的方法加以科学抽象概括,就产生了投影法。

在投影的自然现象中,光源称为**投射中心**,投射中心与空间物体上的各点的连线称为**投射线**,向选定的面进行投射,得到投影的那个面称为**投影面**。投影面上得到的图形称为**投影图**,这一形成过程就构成了**投影法**。

如图 2-1 所示,投影线自投影中心 S 出发,将空间

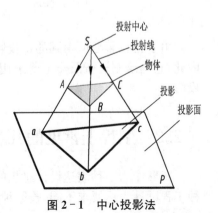

图 2-1 中心投影法

△ABC 投射到投影面 P 上,所得△abc 即为△ABC 的投影。

在投影过程中必须具备三个基本条件:

① 投射中心或投射线(决定投影方向)。

② 空间形体(物体)。

③ 投影面(产生投影的表面)。

2.1.2 投影法的分类

工程上主要应用的投影法有两种:中心投影法和平行投影法。

1. 中心投影法

投射线都从投射中心出发的投影法,即投射线汇交于一点(即投射中心 S)的投影法,称为**中心投影法**。由中心投影法作出的投影称为中心投影,如图 2-1 所示。

中心投影法所得投影大小随着投影面、物体和投射中心三者之间距离的变化而变化,不能反映空间物体的真实大小,作图比较复杂,度量性差,因此机械图样中较少采用,但它具有较强的立体感,故在绘制建筑透视图中经常使用。

2. 平行投影法

将投射中心 S 移到无穷远处,则所有的投射线就互相平行,这种投射线互相平行的投影法,称为**平行投影法**。

平行投影法中,按投射线是否垂直于投影面,又分为斜投影法和正投影法。

(1) 斜投影法 投射线与投影面互相倾斜的平行投影法。根据斜投影法所得到的图形,称为斜投影(斜投影图),如图 2-2(a)所示。

(2) 正投影法 投射线与投影面互相垂直的平行投影法。根据正投影法所得到的图形,称为正投影(正投影图),如图 2-2(b)所示。

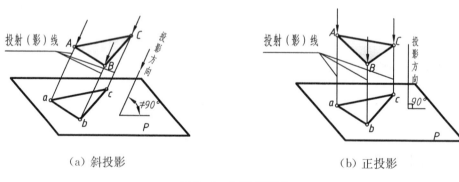

(a) 斜投影   (b) 正投影

图 2-2 平行投影法

由于正投影法所得到的正投影图能真实地反映物体的形状和大小、度量性好,作图简便,因此,它是绘制机械图样主要采用的投影法。若没有特别指明,后面所提到的"投影"均是正投影。

2.2 工程上常见的几种投影图

图形作为一种表达设计思想的工具,对于解决工程设计和科学技术问题十分重要,由于各种工程设计表达要求不同,投影种类也不同,工程上常采用以下四种投影图。

2.2.1 正投影图

正投影图是采用正投影法绘制的多面投影图,它把物体分别投射到两个或两个以上互相垂直的投影面上,然后按照一定的方法把这些投影面展开在同一个平面上,便得到多面正投影图,如图 2-3 所示。

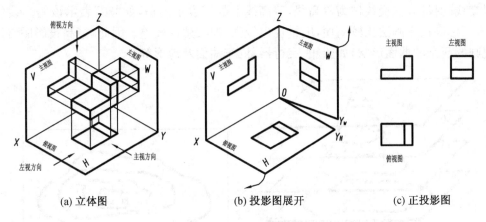

(a) 立体图   (b) 投影图展开   (c) 正投影图

图 2-3 正投影图形成

多面正投影图能准确、全面地表达物体的形状、大小,确定物体的空间位置,而且度量性好,作图简单,已被广泛地应用在工程技术的各个领域,成为工程设计、制造、检验维修的重要工具。其缺点是直观性差,要经过一定的训练才能看懂。

2.2.2 轴测投影图

轴测投影图是将物体连同确定它空间位置的直角坐标系沿不平行于任一坐标面的方向,用平行投影法投射到单一投影面上所得到的表示物体长、宽、高的三维图形,如图 2-4 所示。这种图的优点是图形形象生动,容易看懂,具有立体感,我们一般简称为立体图,缺点是图形产生变形,不能确切地表示物体的真实形状,而且作图比较复杂,所以在工程上只作为辅助图样使用。在学习正投影图时,可借助轴测投影弄清物体的形状,培养空间想象力。

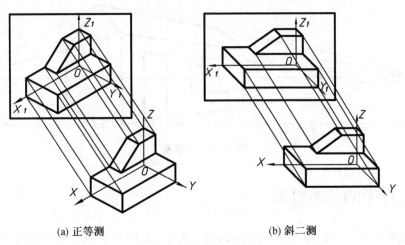

(a) 正等测   (b) 斜二测

图 2-4 轴测投影

2.2.3 标高投影图

标高投影图是用正投影法绘制的有数字标记的一种单面正投影图。假设用一系列与投影面平行的平面截切物体,将所得截交线标以数字,以表示距投影面的距离。

图2-5是采用标高投影作图原理所作的地形图。图中一系列的曲线都是水平面切割高地所得交线的投影,该交线称为等高线,等高线上数字表示高程,如"30"表示该等高线的海拔为30米。标高投影画法比较简便,度量性也较强,但实感性较差。因此,标高投影图常用来表示不规则的复杂的曲面形状,如船舶、飞行器、汽车曲面及地形等。

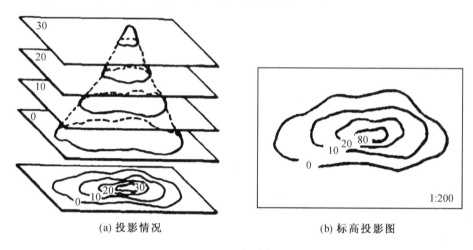

(a) 投影情况   (b) 标高投影图

图 2-5 标高投影

2.2.4 透视图

透视投影图是用中心投影法绘制的一种单面投影图,如图2-6所示。它与照相成影的原理相似,其特点符合人们的视觉习惯,因而富有真实感、直观性强,但其作图复杂、度量性差,因而在工程上多用于土建工程及大型设备的辅助图样。

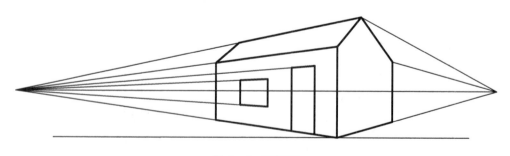

图 2-6 透视图

2.3 正投影的基本性质

空间的几何元素点、线、面是构成形体的基本要素,采用投影法得到的投影与形体之间存在着一定的投影特性,即投影规律,这些规律是绘图的基础和依据。正投影的性质主要有:

1. 真实性

直线和平面平行于投影面时,则在与其平行的投影面上的投影反映直线的真实长度或平面的真实形状,如图 2-7 所示。

直线 AB 平行于投影面 H,其投影 ab 反映直线 AB 的实长。$\triangle CDE$ 平面平行于投影面 H,其投影 $\triangle cde$ 反映实形。

2. 积聚性

直线、平面、柱面垂直投影面时,在投影面的投影分别积聚为点、直线、曲线,如图 2-8 所示。

直线 AB 垂直于投影面 H,其投影 ab 积聚成点。$\triangle CED$ 垂直于投影面 H,其投影 ced 积聚成一条直线。柱面 R 垂直投影面 H,其投影积聚成一条曲线 r。

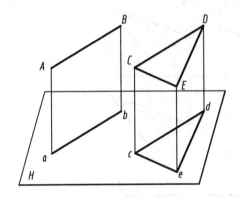

图 2-7　正投影的真实性

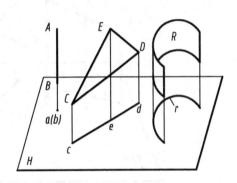

图 2-8　正投影的积聚性

3. 类似性

直线倾斜于投影面时,其投影仍是直线,但长度变短。平面倾斜于投影面时,其投影是原来图形的类似形[①],如图 2-9 所示。

直线 AB 倾斜于投影面 H 时,其投影 ab 仍是直线,但长度变短。$\triangle CDE$ 平面倾斜于投影面 H,其 $\triangle cde$ 投影是原来图形的类似形。

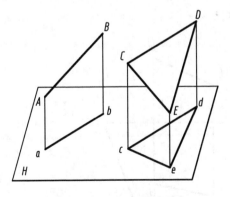

图 2-9　正投影的类似性

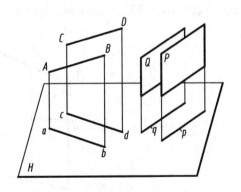

图 2-10　正投影的平行性

_____

① 类似形:边数和边的平行关系,凹凸状态不变,边长和夹角随平面空间位置变化的几何图形。

4. 平行性

空间互相平行的直线,其投影一定平行,空间互相平行的平面,其有积聚性的投影对应平行,如图 2-10 所示。

空间互相平行的直线 *AB*、*CD*,其投影 *ab*、*cd* 互相平行,空间互相平行的 *P* 平面和 *Q* 平面,其有积聚性的投影对应互相平行。

5. 从属性

点在空间直线上,点的投影必定在直线的同面投影上,相交两直线的投影必定相交,两直线交点的投影必定为两直线投影的交点。点和直线在空间平面上,点和直线的投影必定在平面的投影上,如图 2-11 所示。

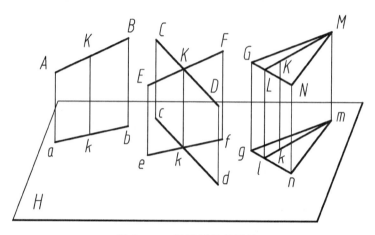

图 2-11　正投影的从属性

点 *K* 在空间直线 *AB* 上,点的投影 *k* 必定在直线的同面投影 *ab* 上。相交两直线 *CD* 和 *EF* 的投影必定相交,两直线交点 *K* 的投影必定为两直线投影 *cd* 与 *ef* 的交点 *k*。点 *K* 和直线 *LM* 在△*GMN* 上,点和直线的投影 *k* 和 *lm* 必定在平面的投影△*gmn* 上。

6. 定比性

点分空间线段的比,投影后保持不变,空间两平行线段长度的比,投影后保持不变,如图 2-12所示,即 *AK*：*KB* = *ak*：*kb*,*AB*：*CD* = *ab*：*cd*。

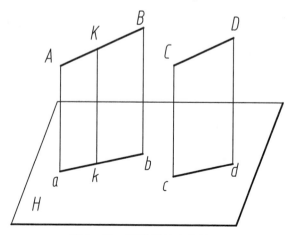

图 2-12　正投影的定比性

2.4 三视图——物体的三面正投影图的形成及投影特性

2.4.1 三面投影体系的建立

从正投影的基本性质可知,只要物体的位置确定,投影面确定,投影方向确定,则正投影图就可以确定下来。如图 2-13 所示,设立一个正投影面,并将物体置于投影面和观察者之间,把人的视线视为投影中的投射线,正对投影面观察物体。按照正投影的方法,将物体的轮廓形状向投影面作正投影所得到的图形就是**正投影图**,由于物体的一个投影图只反映物体一个方向的轮廓形状,同时一个投影图可以表达不同的物体形状,而不能完整、唯一地确定物体在空间的位置和形状,因此,必须从几个方向分别作正投影,将物体的几个方向轮廓形状用投影图表达出来,所以在工程图样中采用了从物体的长、宽、高相对应的多个方向作正投影。

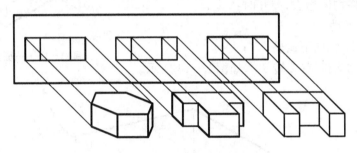

图 2-13 单面正投影图

由立体几何可知,要确定一个空间形体位置和形状,需要三维坐标系。因此,设立三个互相垂直相交的投影面,构成三投影面体系如图 2-14 所示。

三个投影面分别为:

① 正立投影面:用 V 表示,简称正面或 V 面。

② 水平投影面:用 H 表示,简称水平面或 H 面。

③ 侧立投影面:用 W 表示,简称侧面或 W 面。

三个投影面之间的交线称为**投影轴**,分别用 OX、OY、OZ 表示,简称为 X 轴、Y 轴、Z 轴。三根投影轴的交点称为**原点**,用字母 O 表示 。

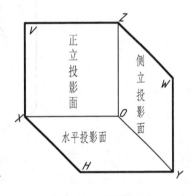

图 2-14 三投影面

2.4.2 三面正投影图的形成

由于物体是由一些基本的几何元素点、线、面组成,所以作物体的投影,主要是按照正投影的基本性质,作出组成物体的各个表面轮廓的点、线、面的投影。

以图 2-15 的简单物体为例,分析其三面投影图的形成,方法如下:

(1) 确定位置 将物体放入三投影面体系中,并尽可能多得使物体的主要表面平行于投影面,或其他表面垂直于投影面,使物体的投影反映物体某表面或某方向的真实形状,从而确定物体在三投影面中的位置。当物体位置确定后,在三投影面中就不能移动和转动,只能通过改变其投影方向得到不同方向的正投影图,如图2-15所示。

(2) 投影方向 按照人—物体—投影面的方向分别作正投影。

（3）投影名称　绘制工程图样时，通常以人的视线作为投射线，所以在投影面上所得到的投影图又称为**视图**。

① 正面投影又叫**主视图**，是物体从前向后在正立投影面（V）上得到的正投影图，反映了物体的长和高。

② 水平投影又叫**俯视图**，是物体从上向下在水平投影面（H）上得到的正投影图，反映了物体的长和宽。

③ 侧面投影又叫**左视图**，是物体从左向右在侧立投影面（W）上得到的正投影图，反映了物体的宽和高。

（4）三投影面的展开　为了得到物体在一个平面上的三面正投影图，需将空间三个互相垂直的投影面展开成一个平面。先将物体移去，展开时：

① V 面保持不动；

② H 面绕 OX 轴向下旋转 90°；

③ W 面绕 OZ 轴向右旋转 90°，如图 2-16 所示。

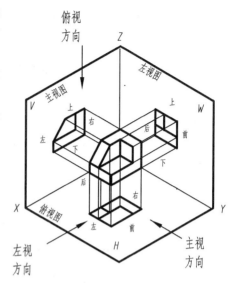

图 2-15　三面投影的形成

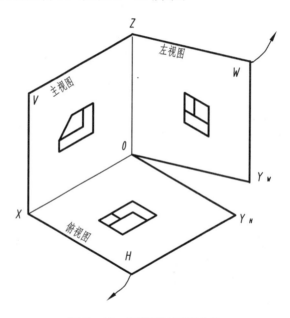

图 2-16　投影面的展开方法

这样三个投影面展开在一个平面上，在一张图纸上得到物体的三个方向的投影。由于旋转时，OY 轴被分成两半，所以分为 OY_H 和 OY_W，图 2-17 即为展开后的三面投影图。

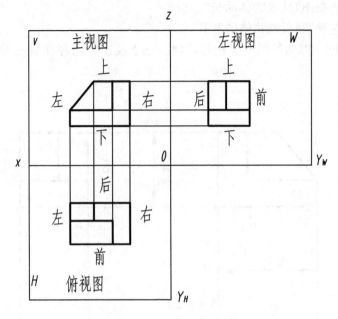

图 2-17   投影面展开图

进行投影时投影面的大小对投影没有任何影响,所以投影不必画出投影面的边框和投影轴,如图 2-18 所示。

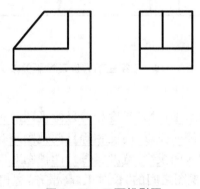

图 2-18   三面投影图

2.4.3   三面投影的规律(关系)

投影关系指图与图之间的关系,图与物之间的关系,两种关系在制图中处于非常重要的地位,是我们绘图和读图的基础和规则,因此称之为规律。

1. 图与图的关系

物体有长、宽、高三个方向的尺寸,在作正投影图时规定:

➤ 左、右方向的尺寸定为长,用 X 坐标表示;

➤ 前、后方向的尺寸定为宽,用 Y 坐标表示;

➤ 上、下方向的尺寸定为高,用 Z 坐标表示。

每个视图能反映物体两个方向的尺寸:

➤ 正面投影(主视图)反映物体的长和高;

➢ 水平投影(俯视图)反映物体的长和宽；

➢ 侧面投影(左视图)反映物体的宽和高。

这样两个视图同一方向的尺寸应相等,因此,三个视图之间存在着三等投影规律(关系),如图 2-19 所示。

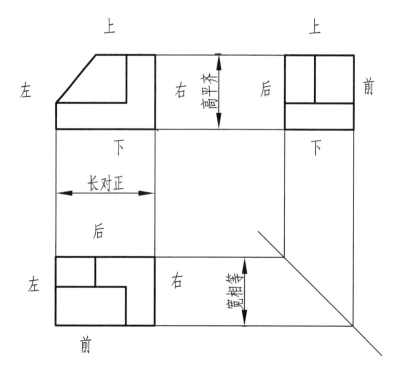

图 2-19　三视图的方位及投影关系

三等投影规律：

➢ <u>主视图、俯视图(正面和水平投影)长度相等且两视图对正,简称长对正</u>;

➢ <u>主视图、左视图(正面和侧面投影)高度相等且两视图平齐,简称高平齐</u>;

➢ <u>俯视图、左视图(水平和侧面投影)宽度相等且两视图对应,简称宽相等</u>。

画图时一定要严格遵守三视图之间的"长对正,高平齐,宽相等"的三等对应关系。这一规律不仅适用于整个物体的视图,也适用于物体的每一个局部的形状和位置的视图。

2. 图与物之间的关系

物体对投影面的相对位置确定后,物体的各部分的上下、左右、前后的位置关系在三视图上也就完全确定下来,图 2-20 即反映了图和物的关系。

➢ 主视图反映物体的上下(Z)左右(X)的形状位置关系；

➢ 左视图反映物体的上下(Z)前后(Y)的形状位置关系；

➢ 俯视图反映物体的左右(X)前后(Y)的形状位置关系。

国家标准规定:三视图的位置,左视图在主视图的右边,俯视图在主视图的下边。这种位置配置的视图不需要加以标注和说明。

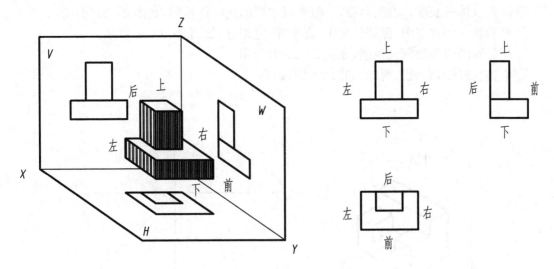

图 2－20　图物的方位关系

2.5　由立体画三视图

由模型和轴测图画三视图,初步建立起物、图之间的投影关系,为学习投影理论创造感性认识和基础。

2.5.1　物体三面投影的作图步骤

（1）分析　分析物体的形状结构特点和各组成表面的投影性质。

（2）位置　选定主视图的位置,尽可能地在正面投影上反映物体的结构和形状特征,将物体的主要表面摆放为平行或垂直于投影面的位置。

（3）投影方向　保持人—物—面的投影关系。

（4）构思　在头脑中假想将物体放入空间的三投影面体系。

（5）布图　确定物体的长、宽、高的基准。

（6）画主要轮廓　按投影规律（长对正,高平齐,宽相等）,画投影的主要轮廓。

（7）画细节　判定物体结构的可见性,画细节。

（8）加深　按标准线型加粗图线。

（9）检查

2.5.2　应用举例

【例 2－1】　画简单立体的三视图,如图 2－21(a)所示。

分析　物体的结构形状特点、表面性质,设想将物体放入三投影面体系,使其主要表面平行或垂直于投影面,确定物体的左右、前后、上下的方位,选定主视图的投影方向,使其反映物体的结构形状特征。

作图　① 确定各投影轴的位置和投影图中各投影面的作图区域,如图 2－21(b)所示。

② 确定三个视图的基准线,每个视图都有两个方向的基准,并注意视图之间的间距适当,如图 2－21(c)所示。

③ 测量立体的长度、宽度、高度,一般先画主视图或特征视图,如图 2-21(d)所示。

④ 画俯视图和左视图,保证长对正、高平齐、宽相等,如图 2-21(e)所示。

⑤ 用标准的线型加深三视图,如图 2-21(f)所示。

⑥ 去掉投影轴,完成三视图,如图 2-21(g)所示。

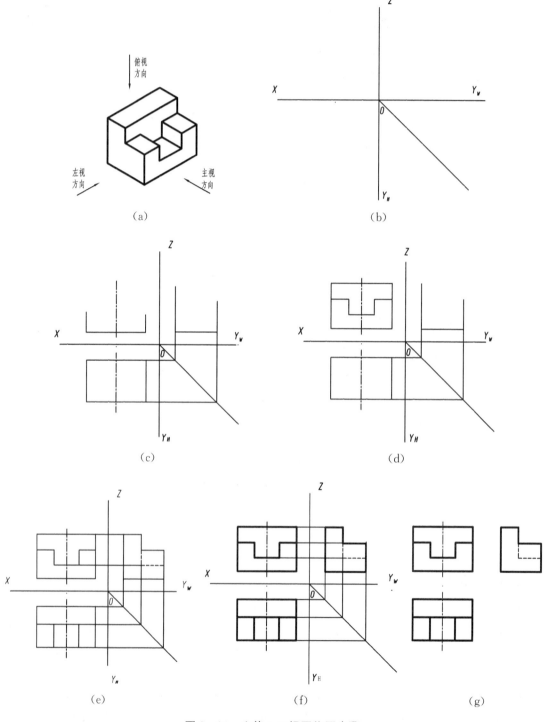

图 2-21 立体 1 三视图作图步骤

【例2-2】 画简单立体的三视图,如图2-22(a)所示。

分析 分析物体的结构形状特点、表面性质,假想将物体放入三投影面体系,使其主要表面平行或垂直于投影面,确定物体的左右、前后、上下的方位,选定主视图的位置,使其反映物体的结构形状特征。

作图 ① 作三个视图的各个方向的基准,如图2-22(b)所示。

② 一般先画主视图或特征视图,先测量弯板的长度、宽度、高度,画出弯板的主视图和左视图,主、左视图高度相等,按照主、俯视图长对正,俯、左视图宽相等的规律画弯板俯视图,如图2-22(c)所示。

③ 测量斜块的长度、宽度、高度,画斜块的左视图(特征视图)和主视图,按照三等规律画俯视图,如图2-22(d)所示。

④ 用标准的线型加深,完成三视图,如图2-22(e)所示。

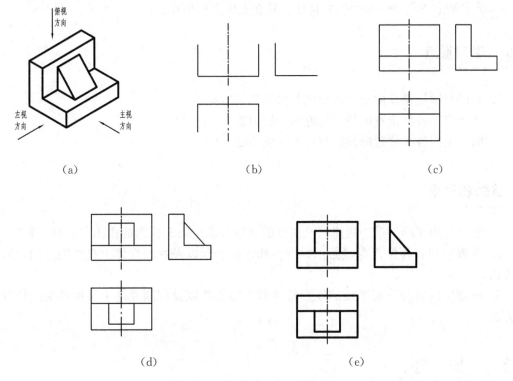

(a)　　　　　　　　(b)　　　　　　　　(c)

(d)　　　　　　　　(e)

图2-22 立体2三视图作图步骤

第3章

立体上的点、线、面的投影

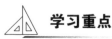**内容提要**

本章主要论述点、线、面的投影特性及其在立体上的应用。

学习重点

1. 点的投影规律及由空间点绘制其投影图的方法。
2. 线在空间各种位置的投影特性和作图方法。
3. 面在空间各种位置的投影特性和作图方法。

目的和要求

1. 掌握空间点的三投影规律以及由点的两投影求作第三投影的作图方法和步骤。
2. 掌握空间各种位置直线的投影特性和作图步骤以及判断立体上直线的空间位置的分析方法。
3. 掌握空间各种位置平面的投影特性和作图步骤以及判断立体上平面的空间位置的分析方法。

3.1 概 述

空间的任何物体都是由点、线、面组成的,点、线、面是组成空间物体的最基本的几何元素。为了正确而又迅速地画出物体的视图,还必须进一步学习组成物体的几何元素(点、线、面)的投影规律和投影特性。如图 3-1 所示,点 A 的三面投影在立体上的三面投影上为 a'、a、a''。直线 BC 在立体的相应位置上,其正面投影为 $b'c'$,水平投影为 bc,侧面投影为 $b''c''$。平面 $ADEFGH$ 在立体的相应位置上,其正面投影为 $a'd'e'f'g'h'$,水平投影为 $adefgh$,侧面投影为 $a''d''e''f''g''h''$。

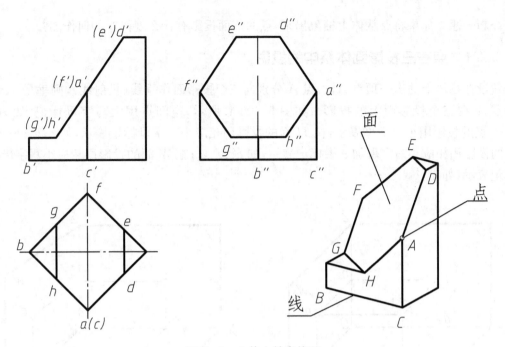

图 3-1 立体上的点线面

3.2 立体表面上点的投影

点是构成一切形体的基本元素,它存在于形体的任一表面和线上,是作图的最小单元。根据正投影性质:几何元素的正投影具有从属性,直线上的点的投影必在直线的同名投影上,平面上的点的投影必在平面的同名投影上。如图 3-2 所示,立体上的点 A 的三面投影也必然符合视图的投影规律,即"长对正,高平齐,宽相等"的投影规律。

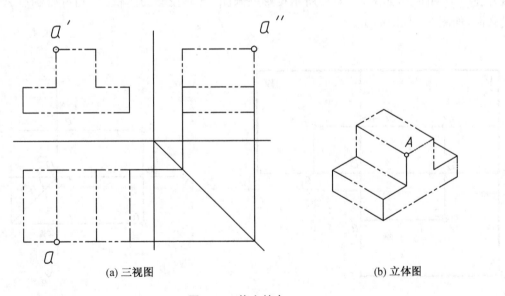

(a) 三视图   (b) 立体图

图 3-2 体上的点

◇**想一想** 如果将点从体上抽象出来,点的三面投影有什么规律?如何作图?

3.2.1 点在三投影面体系中的投影

假设在物体上抽出一顶点 A,过点 A 分别向三个投影面作垂线(投射线),则垂足 a、a'、a'' 即为点 A 在三个投影面上的投影。如图 $3-3$(a)所示,空间点用大写字母标记,如 A、B、C……;点的投影用小写字母表示,在 H 面的投影用相应小写字母标记表示,如 a、b、c……;在 V 面的投影用相应小写字母加一撇标记表示,如 a'、b'、c';在 W 面的投影用相应小写字母加两撇标记表示,如 a''、b''、c''……。

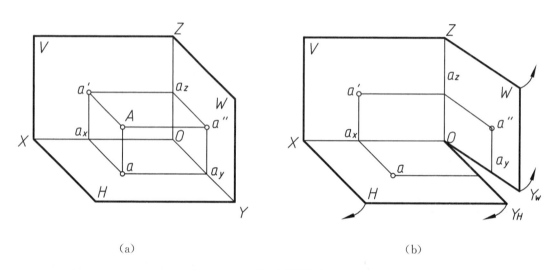

(a)   (b)

图 3-3 点的三面投影的形成

将投影面按图 $3-3$(b)所示方向,V 面保持不动,H 面向下旋转 $90°$,W 面向右旋转 $90°$,并展开在一个平面上,如图 $3-4$(a)所示投影展开图,省略投影面边框线,则可得到点 A 的三面投影图,如图 $3-4$(b)所示。

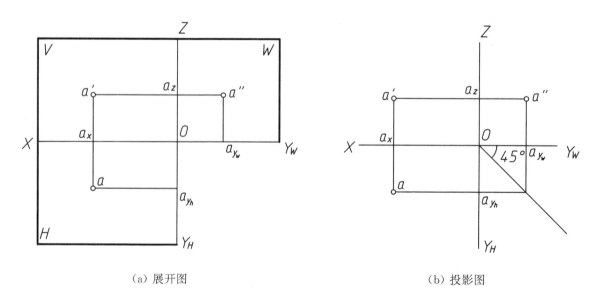

(a)展开图   (b)投影图

图 3-4 点的三面投影展开图及投影图

◇**想一想** 点的投影之间又有什么规律,如何确定它在空间的位置?

3.2.2 点的三面投影规律

如图 3-3(a)所示,过点 A 的三条投射线及相应投影 a'、a、a'',构成三个互相垂直的平面,与 x、y、z 轴交于 a_x,a_y,a_z,与三个投影面交出六条交线,连同三个投影面,构成一个长方体。显然,$a'a_x$ 和 aa_x 同时垂直 OX 轴,在投影面展开后的投影图中 a'、a_x、a 三点共线,都垂直于 OX 轴,所以 $a'a \perp OX$ 轴。由图 3-3(a)可知,$Aa = a'a_x = a''a_y = a_z O$,同理 $a'a'' \perp OZ$,$aa'' \perp OY$,因此,得出点的三面投影规律。

(1) 点的投影连线垂直于投影轴

$a'a \perp OX$,点的正面投影和水平投影的连线垂直于 OX 轴,即长对正;

$a'a'' \perp OZ$,点的正面投影和侧面投影的连线垂直于 OZ 轴,即高平齐;

$aa'' \perp OY$,点的水平投影和侧面投影的连线垂直于 OY 轴,即宽相等。

(2) 点的投影到投影轴的距离,反映该点到相邻投影面的距离

$aa_y = a'a_z = Aa''$(点 A 到 W 面的距离);

$aa_x = a''a_z = Aa'$(点 A 到 V 面的距离);

$a'a_x = a''a_y = Aa$(点 A 到 H 面的距离)。

3.2.3 点的投影和直角坐标的关系

在图 3-5(a)中,如果把投影面当作坐标面,投影轴就成为坐标轴,三个投影轴构成了一个空间直角坐标系。点 O 成为坐标的原点,空间点 A 的位置可以用三个坐标值(X_A,Y_A,Z_A)表示,如图 3-5 所示。

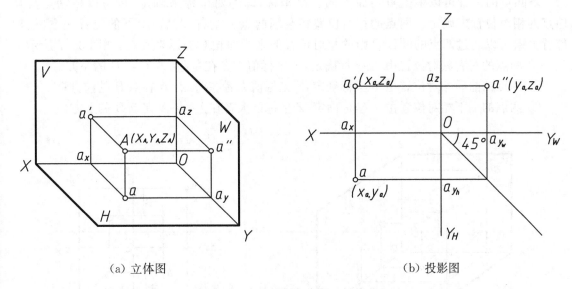

(a) 立体图　　　　　　　　　　　　　(b) 投影图

图 3-5 点的投影与直角坐标的关系

① 点 A 的 X 坐标 $Oa_x = a'a_z = aa_y = Aa''$(点 A 到 W 面的距离);

② 点 A 的 Y 坐标 $Oa_y = a a_x = a''a_z = Aa'$(点 A 到 V 面的距离);

③ 点 A 的 X 坐标 $Oa_z = a'a_x = a''a_y = Aa$(点 A 到 H 面的距离)。

因此,若已知点的坐标(x,y,z),就可以画出投影图,而每一个投影反映点的两个坐标值,所

以只要知道点的两面投影，就已经知道点的三个坐标(x,y,z)，也就可以画出点的第三面投影。

【例 3 - 1】 已知点 $A(15,8,15)$，求作它的三面投影。

作图　① 画出投影轴，在 X 轴上由 O 点向左量取 15 得 a_x，如图 3 - 6(a)所示。

② 过 a_x 作 OX 轴垂线，在 OZ 轴上由 O 点向上量取 15 得 a_z，过 a_z 作 OZ 轴垂线与 OX 轴垂线相交，得正面投影 a'。

在 OY 轴上由 O 点向下量 8 得 a_y，过 a_y 作 OY 轴垂线，与 OX 轴垂线相交得水平投影 a，如图 3 - 6(b)所示。

③ 按照三等关系，作出侧面投影 a''，如图 3 - 6(c)所示。

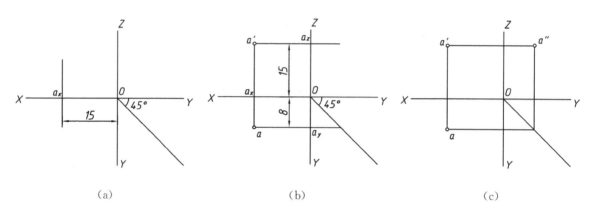

(a) 　　　　　　　　　　(b) 　　　　　　　　　　(c)

图 3 - 6　求点的投影作图步骤

3.2.4　两点的相对位置

空间点的位置可以根据点与原点的三个坐标，即绝对坐标来确定，也可以根据点与其他点的相对位置来确定。两点的相对位置指空间两点的左右、前后、上下的位置关系，这种位置关系可以通过两点的同面投影的相对位置的坐标即相对坐标来确定，如图 3 - 7 所示：

① 两点的左右相对位置由 X 坐标确定，X 坐标值大者在左，点 A 在点 B 的左方；

② 两点的前后相对位置由 Y 坐标确定，Y 坐标值大者在前，点 A 在点 B 的前方；

③ 两点的上下相对位置由 Z 坐标确定，Z 坐标值大者在上，点 A 在点 B 的上方。

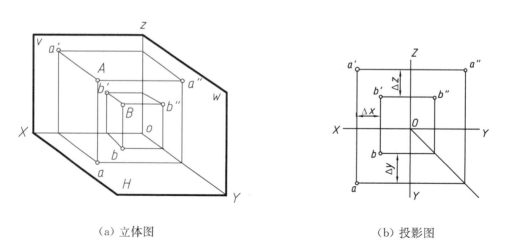

(a) 立体图 　　　　　　　　　　(b) 投影图

图 3 - 7　两点的相对位置

两点的相对位置作图方法：

① 确定相对基准；

② 定出点的方位；

③ 确定相对坐标；

④ 作图。

【例 3-2】 已知点 A 的三面投影，点 B 在点 A 的右 5，下 7，前 10，作出 B 的投影。

作图 ① 已知点 A 的三面投影，选点 A 为基准，确定 B 相对于 A 的方位，点 B 在点 A 的右方、下方、前方，所以 $X_A > X_B$，$Y_B > Y_A$，$Z_A > Z_B$，如图 3-8(a)所示。

② 确定相对坐标：

$\Delta x = X_B - X_A = -5$；

$\Delta y = Y_B - Y_A = 10$；

$\Delta z = Z_B - Z_A = -7$。

以 a' 为基准，量取相对坐标(Δz，Δx)，作 b'，如图 3-8(b)所示。

③ 以 a 为基准，量取相对坐标(Δx，Δy)，作 b；按照三等关系，作出侧面投影 b''，如图 3-8(c)所示。

④ 作出两点的相对位置的无轴投影，如图 3-8(d)所示。

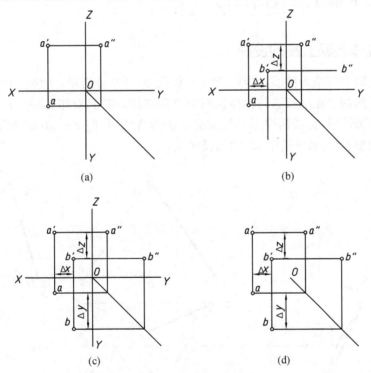

图 3-8　求点的相对坐标作图步骤

3.2.5　重影点

当两点的某两个坐标相同时，该两点将处于同一投影线上，因此，在由相同两坐标确定的投影面上的投影，称为对该投影面的重影点。如若 A、B 两点无左右、前后距离差，点 A 在点 B 正上方或正下方时，两点的 H 面投影重合，如图 3-9 所示，点 A 和点 B 是对 H 面投影的重影点。同理,若一点在另一点的正前方或正后方时,则两点是对 V 面投影的重影点;若一点在另一点的正左方或正右方时,则两点是对 W 面投影的重影点。

重影点需判别可见性。根据正投影特性,可见性的区分应是前遮后、上遮下、左遮右。图 3-9 中的重影点应是点 A 遮挡点 B,点 B 的 H 面投影不可见,规定不可见点的投影加括号表示。

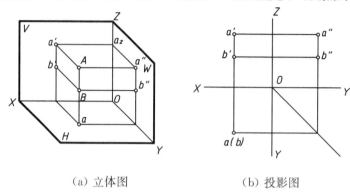

（a）立体图　　　　　　（b）投影图

图 3-9　重影点

3.3　立体表面上直线的投影

3.3.1　立体表面上线的投影

立体上的直线上表现为棱线、素线、交线。如图 3-10(a)所示,三棱锥立体上的直线 SA 的三面投影也必然符合点的投影与物体视图的投影规律,即"长对正,高平齐,宽相等"的投影规律。根据正投影性质:直线的投影一般情况下仍为直线,如图 3-10(b)所示,SA 的三面投影分别为正面投影 $s'a'$、水平投影 sa、侧面投影 $s''a''$。

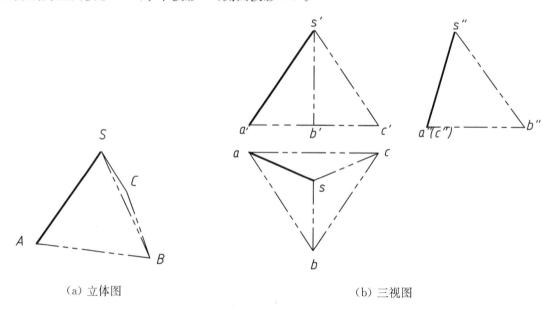

（a）立体图　　　　　　　　　　　　（b）三视图

图 3-10　三棱锥上的直线

3.3.2 直线的作图

空间两点确定一条直线,直线的投影可由直线上两点的同面投影连接得到。如图 3 - 11 所示,分别作出直线上两点 A、B 的三面投影,将其同面投影相连,即得到直线 AB 的三面投影图。

直线在三投影面体系中,分别对三个投影面形成一定的倾角,空间直线与投影面的夹角称为直线对投影面的倾角,如图 3 - 12 所示,并用规定的符号标记:

① α—直线对 H 面的倾角;

② β—直线对 V 面的倾角;

③ γ—直线对 W 面的倾角。

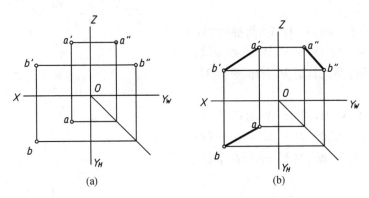

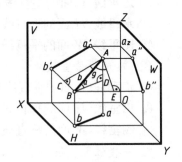

图 3 - 11　一般位置直线投影的作图步骤

图 3 - 12　直线的空间位置

3.3.3 立体上的直线的三种位置及投影特性

为了更方便快捷地作出立体上直线的投影,应分析直线在空间的位置和投影特性,以图 3 - 13 中所示的物体投影为例,了解立体上的直线对投影面处于不同位置的投影情况。从图 3 - 13 可知,直线与一个投影面在空间只有三种位置:平行、垂直、倾斜。

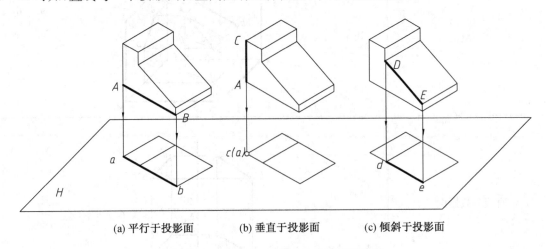

(a) 平行于投影面　　　(b) 垂直于投影面　　　(c) 倾斜于投影面

图 3 - 13　立体上直线的三种位置及投影

根据直线的正投影性质,得出

① **直线平行投影面，投影实长现**，如图 3-13(a)所示；

② **直线垂直投影面，投影聚成点**，如图 3-13(b)所示；

③ **直线倾斜投影面，投影长改变**，如图 3-13(c)所示。

接下来讨论各种位置的直线相对于三投影面投影的特性和规律。

1. 直线对投影面的各种位置

将直线放入三投影面体系中，直线对投影面的相对位置可以分为三类七种：投影面倾斜线、投影面平行线、投影面垂直线。前一种为投影面的一般位置直线，后两种为投影面的特殊位置直线，直线与投影面的关系可分为：

（1）一般位置直线（投影面的倾斜线）

对 V、H、W 面都倾斜。

（2）投影面平行线

① **正平线**（V 面的平行线），平行 V 面，对 H、W 面都倾斜；

② **水平线**（H 面的平行线），平行 H 面，对 V、W 面都倾斜；

③ **侧平线**（W 面的平行线），平行 W 面，对 V、H 面都倾斜。

（3）投影面垂直线

① **正垂线**（V 面的垂直线），垂直 V 面，对 H、W 面都平行；

② **铅垂线**（H 面的垂直线），垂直 H 面，对 V、W 面都平行；

③ **侧垂线**（W 面的垂直线），垂直 W 面，对 V、H 面都平行。

2. 一般位置直线

一般位置直线与三个投影面都倾斜，因此在三个投影面上的投影都不反映实长，投影与投影轴之间的夹角也不反映直线与投影面之间的倾角，见表 3-1 所示。

表 3-1　一般位置直线的投影特性

名　称	一般位置直线
立体图	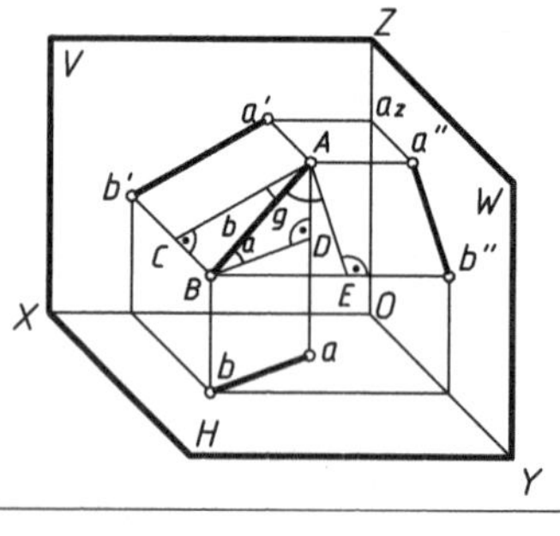
直线的投影图	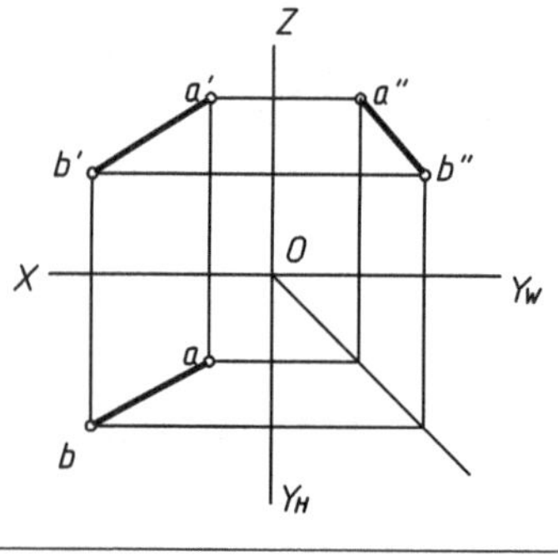

（续表）

名 称	一般位置直线
直线空间位置 与三投影面的关系	倾斜 V 面 倾斜 H 面 倾斜 W 面
投影特性	① 正面投影倾斜投影轴，不反映实长和倾角 ② 水平投影倾斜投影轴，不反映实长和倾角 ③ 侧面投影倾斜投影轴，不反映实长和倾角
立体上直线的应用	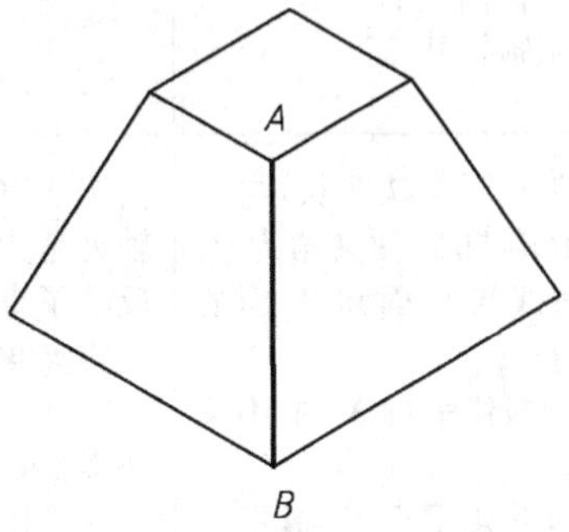
立体上直线三视图	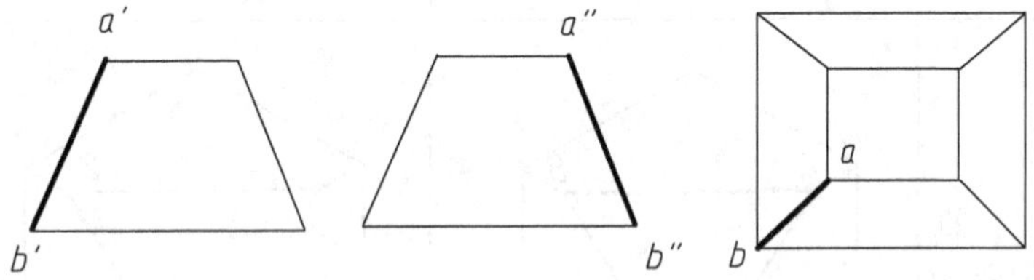

3. 投影面平行线

与投影面平行的直线称为该投影面平行线，它与一个投影面平行，与另外两个投影面倾斜。与 H 面平行的直线称为水平线，与 V 面平行的直线称为正平线，与 W 面平行的直线称为侧平线。它们的投影图及投影特性见表 3-2，规定直线对 H、V、W 面的倾角分别用 α、β、γ 表示。

表 3-2 投影面平行线的投影特性

名称	水平线	正平线	侧平线
立体图	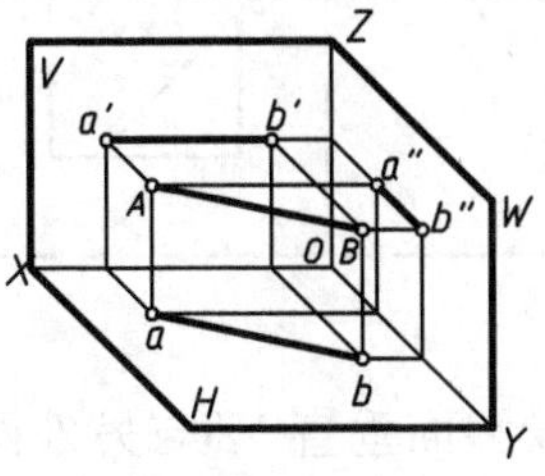	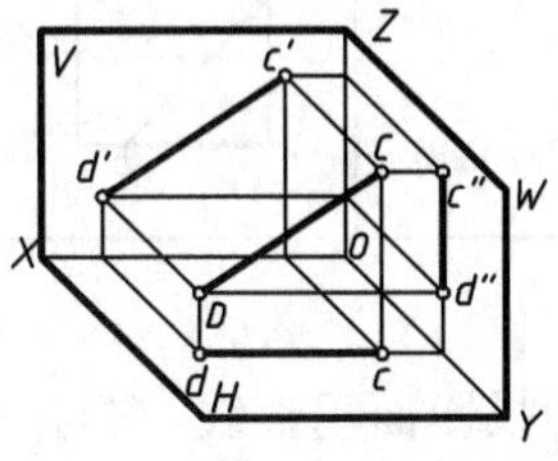	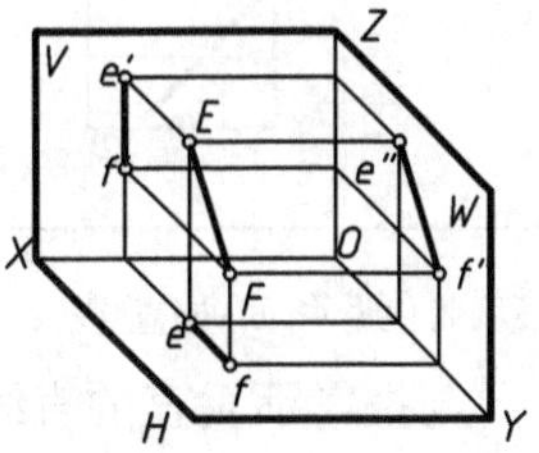

(续表)

名称	水平线	正平线	侧平线
直线的投影图			
直线空间位置与投影面的关系	平行 H 面 倾斜 V 面 倾斜 W 面	平行 V 面 倾斜 H 面 倾斜 W 面	平行 W 面 倾斜 V 面 倾斜 H 面
投影特性	① 水平投影反映实长,与 X 轴夹角为 β,与 Y 轴夹角为 γ,反映了直线与 V 面和 W 面的真实夹角; ② 正面投影平行 X 轴,不反映实长; ③ 侧面投影平行 Y 轴,不反映实长	① 正面投影反映实长,与 X 轴夹角为 α,与 Z 轴夹角为 γ,反映了直线与 H 面和 W 面的真实夹角; ② 水平投影平行 X 轴,不反映实长; ③ 侧面投影平行 Z 轴,不反映实长	① 侧面投影反映实长,与 Y 轴夹角为 α,与 Z 轴夹角为 β,反映了直线与 H 面和 V 面的真实夹角; ② 正面投影平行 Z 轴,不反映实长; ③ 水平投影平行 Y 轴,不反映实长
立体上的直线			
立体上直线的三面投影			

4. 投影面垂直线

与投影面垂直的直线称为投影面垂直线,它与一个投影面垂直,必与另外两个投影面平行。与 H 面垂直的直线称为铅垂线,与 V 面垂直的直线称为正垂线,与 W 面垂直的直线称为侧垂线,它们的投影图及投影特性见表 3-3 所示。

表3-3 投影面垂直线的投影特性

名称	铅垂线	正垂线	侧垂线
立体图	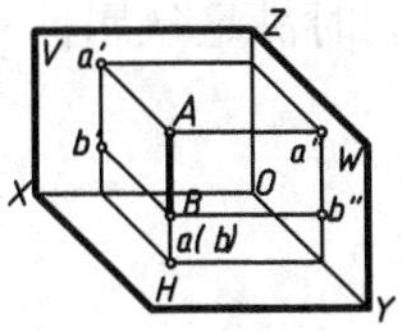	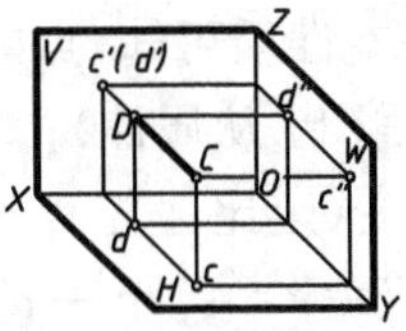	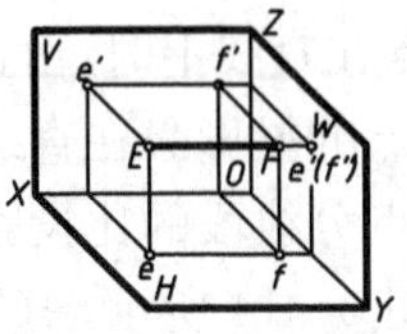
直线的投影图	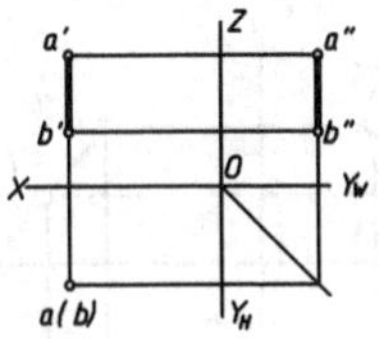	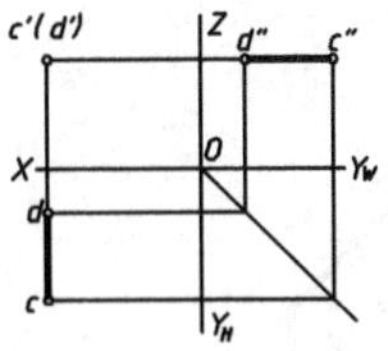	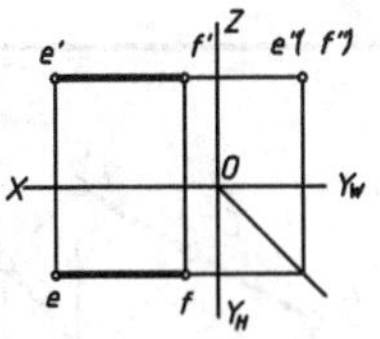
直线空间位置与投影面的关系	垂直 H 面 平行 V 面 平行 W 面	垂直 V 面 平行 H 面 平行 W 面	垂直 W 面 平行 V 面 平行 H 面
直线的投影特性	① 水平投影积聚为一点； ② 正面投影和侧面投影都平行 Z 轴，并反映实长	① 正面投影积聚为一点； ② 水平投影和侧面投影都平行 Y 轴，并反映实长	① 侧面投影积聚为一点； ② 正面投影和水平投影都平行 X 轴，并反映实长
立体上的直线	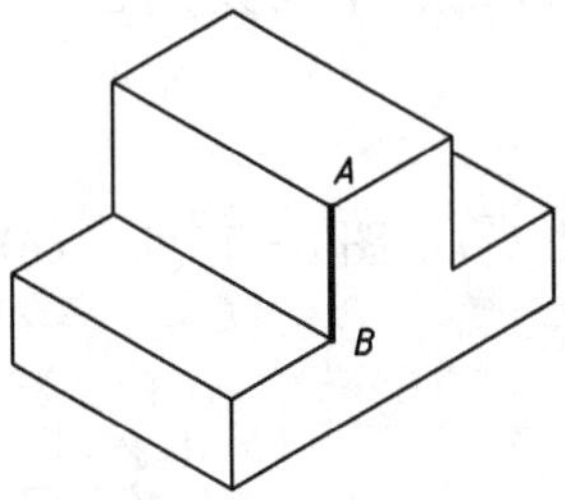	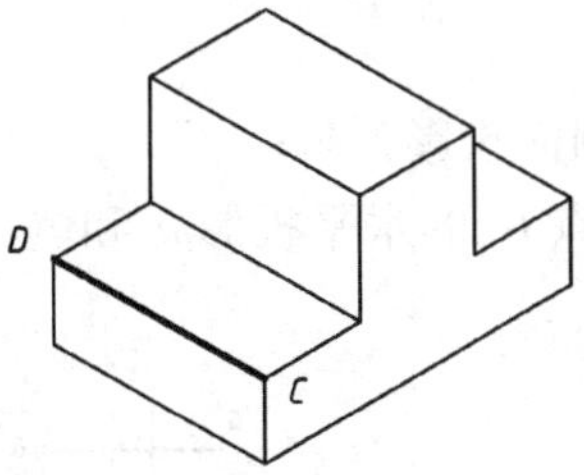	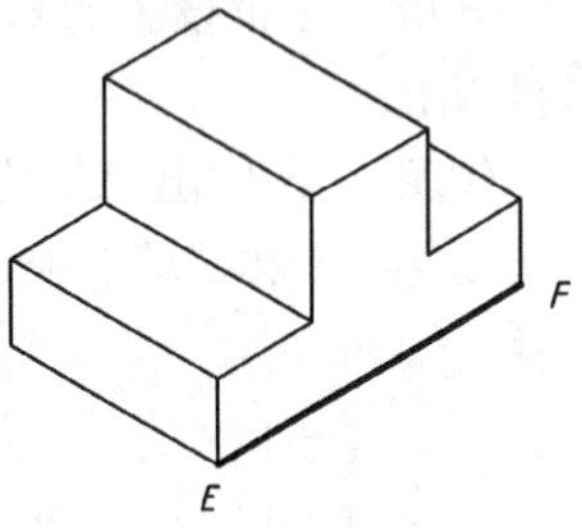
三视图上直线投影的应用	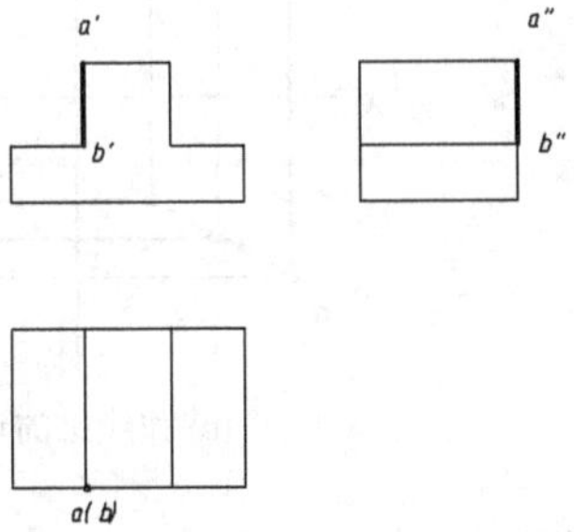	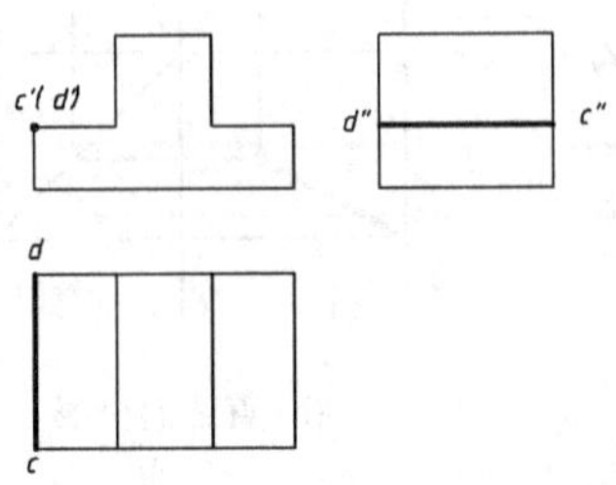	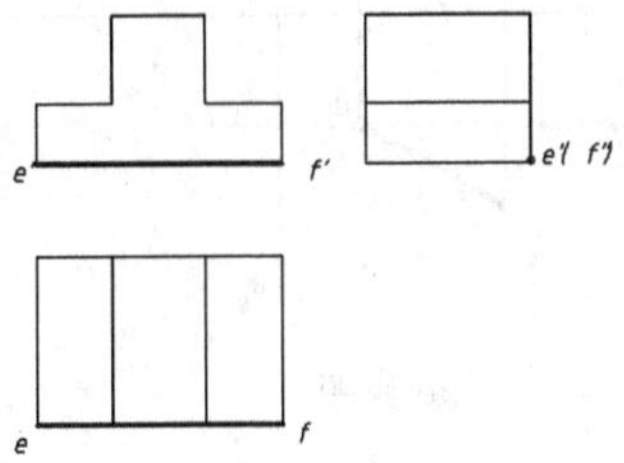

3.3.4 直线上的点

空间的点与直线有如下两种情况:点在直线上或不在直线上。

当点在直线上时,由正投影的基本性质可知,点的投影必须同时满足从属性和定比性,即:

① 点的投影必在直线的同面投影上(从属性);

② 点分线段的比投影后保持不变(定比性)。

如图 3-14 所示,$AC:CB=ac:cb=a'c':c'b'=a''c'':c''b''$。

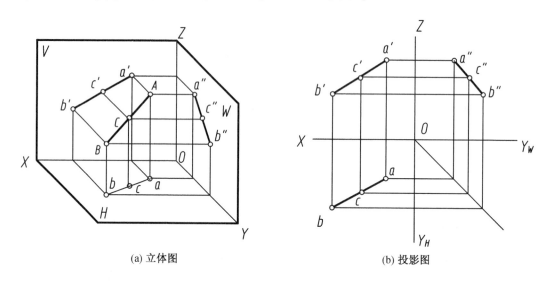

(a) 立体图　　　　　　　　　(b) 投影图

图 3-14　直线上点的投影

【例 3-3】 已知点 K 在直线 AB 上,求作它们的三面投影,如图 3-15(a)所示。

分析 按正投影的基本性质,点 K 在直线 AB 上,点 K 的各个投影一定在直线 AB 的同名投影上。

作图 ① 作出 AB 的侧面投影 $a''b''$;

② 在 ab 和 $a''b''$ 上确定点 K 的水平投影 k 和侧面投影 k'',如图 3-15(b)、(c)所知。

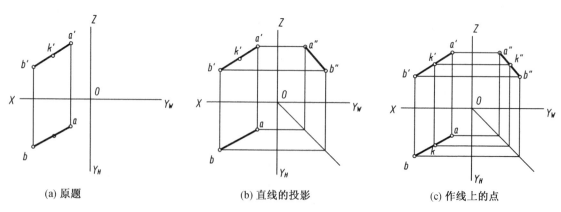

(a) 原题　　　　　　　(b) 直线的投影　　　　　　(c) 作线上的点

图 3-15　直线上的点的作图步骤

【例 3-4】 已知侧平线 AB 及点 K 的正面投影和水平投影,判断点 K 是否在直线 AB 上。

分析 方法一:求出它们的侧面投影,如图 3-16(a)所示,由侧面投影得出点 k 不在直线 CD 上。

方法二:用点分线段成定比的方法判断,如图 3-16(b)所示。

由于 $ck : kb$ 不等于 $c'k' : k'b'$,所以点 K 不在直线 CD 上。

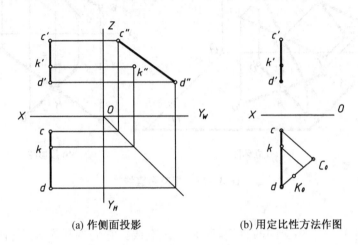

(a) 作侧面投影　　　　　(b) 用定比性方法作图

图 3-16　判断点是否在直线上

3.3.5　两直线的相对位置

空间直线相对位置有三种:平行、相交、交叉三种情况,前两种属于同平面内的两直线,后一种属于异面两直线。

1. 两直线平行

若空间两直线平行,则此两直线的各组同面投影必相互平行;反之若两直线的三面投影都分别相互平行,则两直线在空间必相互平行,如图 3-17 所示。

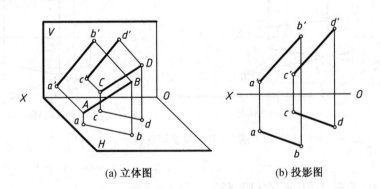

(a) 立体图　　　　　　　(b) 投影图

图 3-17　平行两直线

判断空间两直线是否平行,一般情况下,只需判断两直线的任意两对同名投影是否平行并具有定比性。

2. 两直线相交

若空间两直线相交则必相交于一个点,而各同面投影必相交,且交点必符合空间一个点的投影规律,即交点的投影连线垂直于投影轴,如图 3-18 所示。

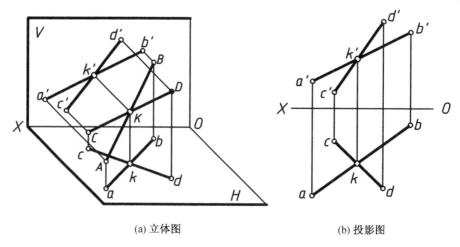

(a) 立体图   (b) 投影图

图 3 - 18　相交两直线

3. 两直线交叉

空间中既不平行又不相交的两直线,称为交叉直线。它们的投影既不符合平行两直线的投影特性,也不符合相交两直线的投影特性。交叉两直线的同面投影可能表现为互相平行,但不可能所有同面投影都平行,他们的同面投影也可能表现为相交,但交点的投影不符合点的投影规律,即交点的投影连线不垂直投影轴,这时的交点是重影点,可利用它来判断两直线的相对位置,如图 3 - 19 所示。

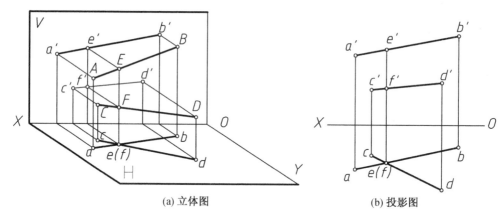

(a) 立体图   (b) 投影图

图 3 - 19　交叉两直线

3.4　立体表面上平面的投影

3.4.1　平面投影的表示法

由初等几何可知,不在同一直线的三点确定一平面,并且唯一地确定一个平面。因此,可由下列任意一组几何元素的投影表示平面,如图 3 - 20:(a) 不在同一直线上的三个点;(b) 一直线和不属于该直线的一点;(c) 相交两直线;(d) 平行两直线;(e) 任意平面图形。

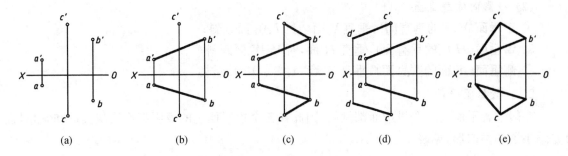

图 3-20 平面的表示方法

为了更方便地作出立体上平面的投影,应分析平面的空间位置及投影特性。以图 3-21 中所示的物体为例,根据直线的正投影性质和简单立体的投影,了解立体上的平面对一个投影面处于不同位置的投影情况。

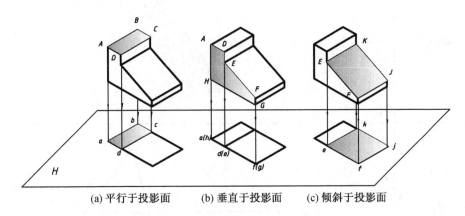

(a) 平行于投影面   (b) 垂直于投影面   (c) 倾斜于投影面

图 3-21 立体上平面的三种位置

根据正投影性质:平面的投影特性可以简述如下:

① 平面平行投影面,投影实形现;

② 投影垂直投影面,投影成直线;

③ 平面倾斜投影面,投影形改变。

3.4.2 各种位置平面的投影特性

1. 平面对投影面的各种位置

在三投影面体系中,平面和投影面的相对位置关系与直线和投影面的相对位置关系相同,也可以分为三类七种:投影面倾斜面、投影面平行面、投影面垂直面。前一类为投影面一般位置平面,后两类为投影面特殊位置平面。**平面与投影面的关系**如下:

(1) 一般位置平面(投影面的倾斜面)

对 V、H、W 面都倾斜。

(2) 投影面的平行面

① **正平面**(V 面的平行面),平行 V 面,对 H、W 面都垂直;

② **水平面**(H 面的平行面),平行 H 面,对 V、W 面都垂直;

③ **侧平面**(W 面的平行面),平行 W 面,对 V、H 面都垂直。

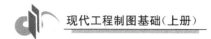

（3）投影面的垂直面

① **正垂面**(V 面的垂直面)，垂直 V 面，对 H、W 面倾斜；

② **铅垂面**(H 面的垂直面)，垂直 H 面，对 V、W 面倾斜；

③ **侧垂面**(W 面的垂直面)，垂直 W 面，对 V、H 面倾斜。

2．一般位置平面

一般位置平面与三个投影面都倾斜，因此在三个投影面上的投影都不反映实形和倾角，而是缩小了的类似形，见表 3-4 所示。

表 3-4　一般位置平面的投影特性

名　称	一般位置平面
立体图	
立体上平面的三视图	
平面的投影图	
平面相对于投影面的位置	倾斜 V 面 倾斜 H 面 倾斜 W 面

名　称	一般位置平面
投影特性	① 正面投影是类似形,不反映实形和倾角 ② 水平投影是类似形,不反映实形和倾角 ③ 侧面投影是类似形,不反映实形和倾角

3. 投影面平行面

投影面平行面是平行于一个投影面,并与另外两个投影面垂直的平面。与 H 面平行的平面称为水平面,与 V 面平行的平面称为正平面,与 W 面平行的平面称为侧平面。它们的投影图及投影特性见表 3-5 所示。

表 3-5　投影面平行面的投影特性

名称	水平面	正平面	侧平面
立体图	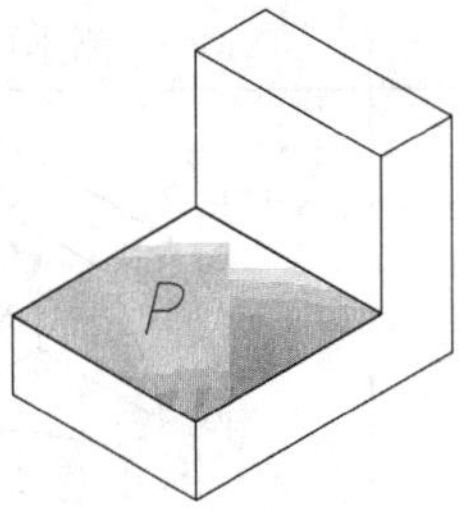	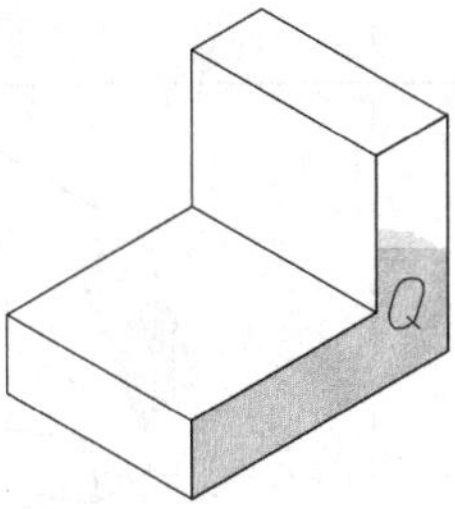	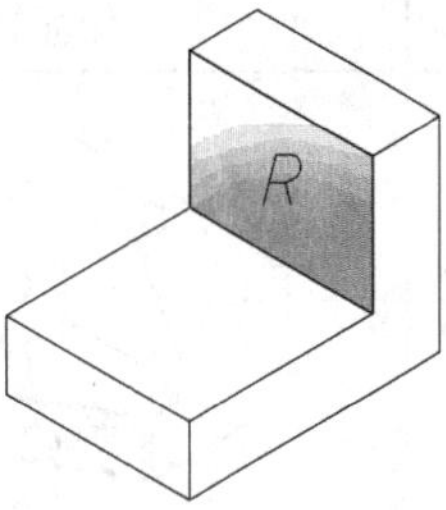
三视图	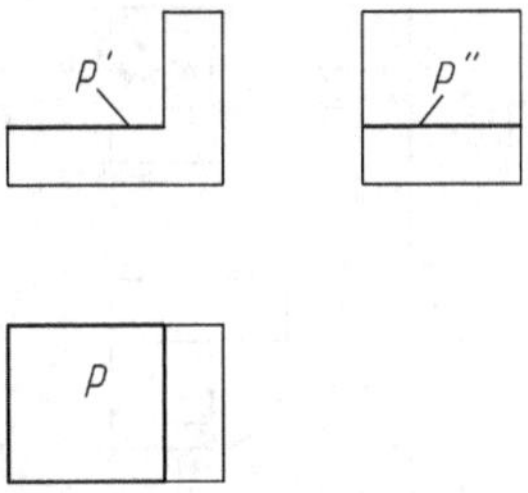	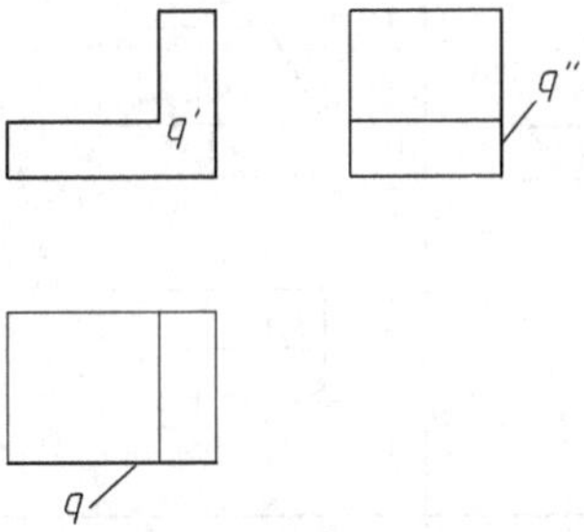	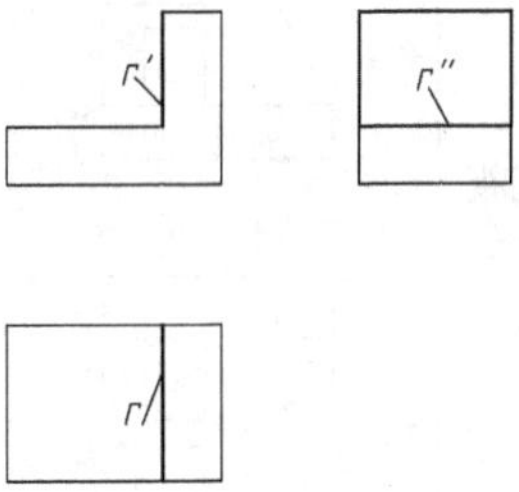
投影图	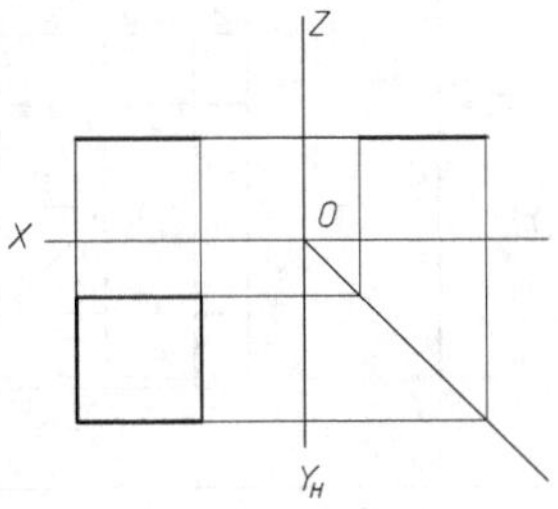	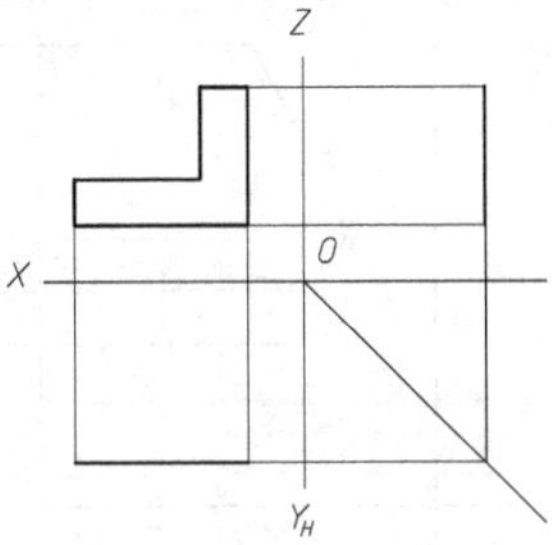	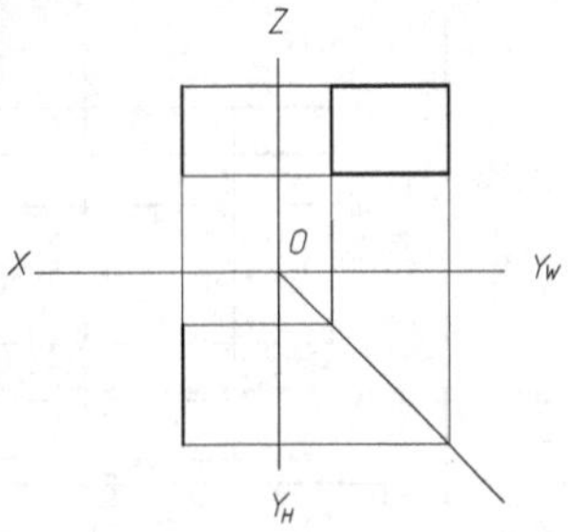
平面相对于投影面的位置	平行 H 面 垂直 V 面 垂直 W 面	平行 V 面 垂直 H 面 垂直 W 面	平行 W 面 垂直 V 面 垂直 H 面

（续表）

名称	水平面	正平面	侧平面
投影特性	① 水平投影反映实形； ② 正面投影积聚成平行于 X 轴的直线； ③ 侧面投影积聚成平行于 Y 轴的直线	① 正面投影反映实形； ② 水平投影积聚成平行于 X 轴的直线； ③ 侧面投影积聚成平行于 Z 轴的直线	① 侧面投影反映实形； ② 正面投影积聚成平行于 Z 轴的直线； ③ 水平投影积聚成平行于 Y 轴的直线

4. 投影面垂直面

投影面垂直面是垂直于一个投影面，并与另外两个投影面倾斜的平面。与 H 面垂直的平面称为铅垂面，与 V 面垂直的平面称为正垂面，与 W 面垂直的平面称为侧垂面。它们的投影图及投影特性见表 3－6。

表 3－6　投影面垂直面的投影特性

名称	铅垂面	正垂面	侧垂面
立体图			
三视图			
投影图			
平面相对于投影面的位置	垂直 H 面 倾斜 V 面 倾斜 W 面	垂直 V 面 倾斜 H 面 倾斜 W 面	垂直 W 面 倾斜 V 面 倾斜 H 面

（续表）

名称	铅垂面	正垂面	侧垂面
投影特性	① 水平投影积聚成直线,与 X 轴夹角为 β,与 Y 轴夹角为 γ,均反映平面与 V 面和 W 面的真实倾角; ② 正面投影和侧面投影具有类似性	① 正面投影积聚成直线,与 X 轴夹角为 α,与 Z 轴夹角为 γ,均反映平面与 H 面和 W 面的真实倾角; ② 水平投影和侧面投影具有类似性	① 侧面投影积聚成直线,与 Y 轴夹角为 α,与 Z 轴夹角为 β,均反映平面与 H 面和 V 面的真实倾角; ② 正面投影和水平投影具有类似性

3.4.3 平面上的直线与点

1. 平面内取直线

从初等几何学原理得知,判别直线是否在已知平面内的几何条件是:

① 直线若通过平面内的两点,则此直线必在该平面内。

② 直线通过平面内的一点,且平行于平面内的一直线,则此直线必在该平面内。

【例 3-5】 已知 △ABC 平面,试在平面上任意作一条直线,如图 3-22(a)所示。

分析 在平面上取线必须先在平面上取两个在平面上的已知辅助点。

作图 在已知直线 AC 上取一点 $D(d',d)$ 和平面上的已知点 $B(b,'b)$,用直线连接 D、B 的同面投影,直线 DB 即为所求,如图 3-22(b)所示。

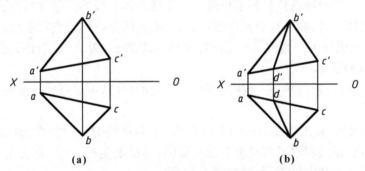

图 3-22 平面取线的作图步骤

2. 平面上取点

从初等几何学原理得知,判别点是否在已知平面内的几何条件是若点位于平面内的任一直线上,则点在该平面上。

判别点是否在平面内,不能只看点的投影是否在平面的投影轮廓线内,而要用几何条件和投影特性来判断。

【例 3-6】 判别点 N 是否在平面三角形 ABC 内,并作出三角形 ABC 平面上的点 M 的水平投影,如图 3-23 所示。

分析 判别点是否在平面上和求平面上的点的投影,可利用"点在平面上,那么点一定在平面内的一条直线上"这一投影特性。

作图 ① 连接 $a'n'$ 并延长交于 $1'$,作出 Ⅰ 的水平投影 1,AⅠ 为三角形平面内的直线,由于 n 不在 $a1$ 上,所以 N 点不在三角形平面上;

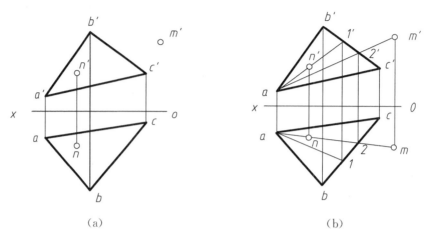

图 3-23 平面取点的作图步骤

② 连接 $a'm'$ 并交 bc 于 $2'$，作出Ⅱ点的水平投影得 2，连接 $a2$ 交于 m，由于 AⅡ是三角形平面 ABC 上的直线，m 点即为所求。

3.5 线、面在立体上的应用

我们学习线、面的投影特性是为了更进一步掌握立体的投影。通过对线、面的投影特性的分析，正确理解物体上线、面的投影及作图，从而正确地构思物体的空间形状。

【例 3-7】 找出视图中直线 AF、CD 和平面 $ABCD$、$ADEF$ 的三面投影，并判别其空间位置，如图 3-24(a)所示。

分析 根据三等投影规律，逐个找出直线及平面的投影，按照点、线、面的投影规律确定其空间的位置。

作图 ① 对投影，找出直线 AF 的三面投影，根据直线的投影特性，直线 AF 是侧垂线，侧面投影积聚为点，正面和水平面投影平行投影轴，并反映实长。AF 直线在空间的位置是垂直于侧面，平行于正面和水平面，如图 3-24(b)所示。

② 对投影，找出直线 CD 的三面投影，根据直线的投影特性，直线 CD 是正平线，正面投影反映实长，侧面和水平面投影平行投影轴，不反映实长。CD 直线在空间的位置是平行于正面，倾斜于侧面和水平面，如图 3-24(c)所示。

③ 对投影，找出平面 $ABCD$ 的三面投影，根据平面的投影特性，平面 $ABCD$ 是一般位置平面，三面投影都不反映实形，都是类似形。$ABCD$ 平面在空间的位置是倾斜于三个投影面，如图 3-24(d)所示。

④ 对投影，找出平面 $ADEF$ 的三面投影，根据平面的投影特性，平面 $ADEF$ 是水平面，水平投影反映实形，正面和侧面投影积聚为直线并平行投影轴。$ADEF$ 平面在空间的位置是平行水平面，垂直于正立投影面和侧立投影面，如图 3-24(e)所示。

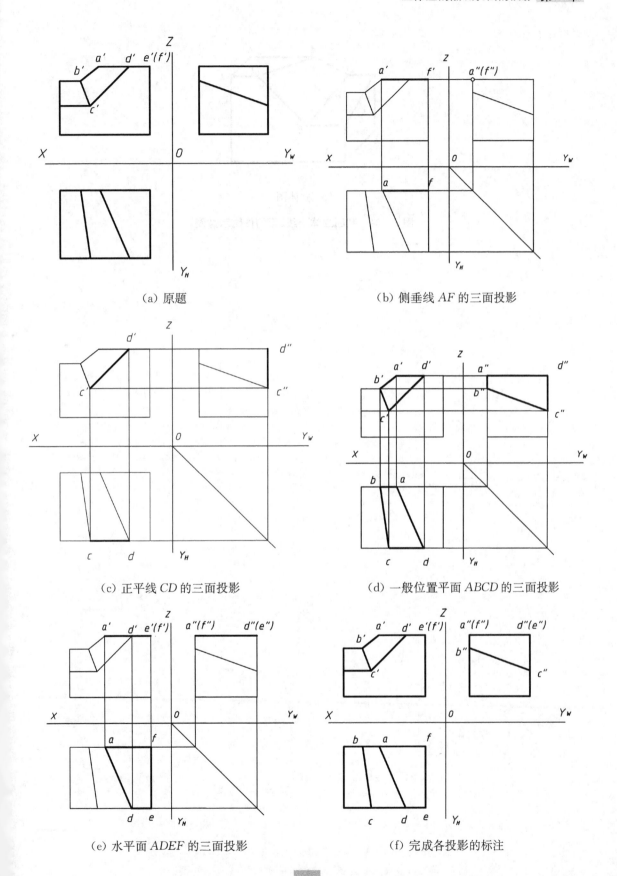

(a) 原题

(b) 侧垂线 AF 的三面投影

(c) 正平线 CD 的三面投影

(d) 一般位置平面 ABCD 的三面投影

(e) 水平面 ADEF 的三面投影

(f) 完成各投影的标注

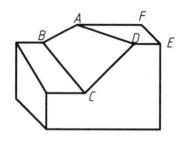

（g）立体图

图 3-24 判断立体上线、面的作图示意图

第4章
立体的投影

内容提要

本章主要介绍平面立体的投影、曲面立体的投影、切割立体上的截交线及相贯立体上相贯线的绘制方法。

学习重点

1. 平面立体的投影作图方法及步骤。
2. 曲面立体的投影作图方法及步骤。
3. 切割体上截交线的作图方法及步骤。
4. 相贯体上相贯线的作图方法及步骤。

目的和要求

1. 掌握平面立体和曲面立体的投影特性和作图方法。
2. 掌握切割体及截交线的画法及步骤,相贯体及相贯线的画法及步骤。

4.1 平面立体的投影

立体是由多个表面(平面、曲面)围成的几何实体。完全由平面围成的立方体称为平面立体,例如棱柱、棱锥等;由曲面或曲面和平面围成的立体称为曲面立体,如圆柱体、圆锥体、圆球、圆环等。这些形状单一的几何形体,在工程上称为基本体,如图 4-1 所示。

图 4-1　基本立体

平面立体表面均为平面,各表面(棱面)的交线称为棱线,棱面与底面的交线称为底边。画平面立体的投影图,实质上就是绘制围成平面立体的平面和棱线的投影,并判别可见性,把可见的平面和棱线的投影用粗实线绘制,不可见的棱面和棱线的投影用虚线表示。

4.1.1 棱柱

1. 棱柱的组成

棱柱是由两个形状相同且互相平行的多边形顶面和底面及多个棱面组成,顶面和底面确定了棱柱的形状特征,称为特征面,其他表面为矩形,棱面与棱面的交线即棱线互相平行。底面为正多边形的直棱柱称为正棱柱。

如图4-2(a)所示,正六棱柱的顶面和底面为正六边形,棱面为矩形并垂直于顶面和底面,并且棱线互相平行。

2. 棱柱的投影特性及作图

如图4-2(b)所示,正六棱柱的顶面和底面为水平面,其水平投影为正六边形,反映实形,正面和侧面投影均积聚为直线。前、后棱面为正平面,正面投影反映实形,侧面和水平投影均积聚为直线,其余四个侧面为铅垂面,水平投影积聚为直线,正面和侧面投影均为矩形的类似形。

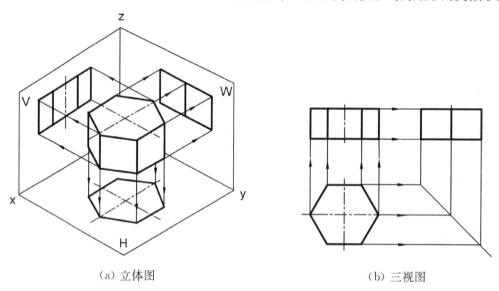

(a) 立体图   (b) 三视图

图 4-2 正六棱柱

作图步骤如图4-2(b)所示:

① 画出反映两底面实形(六边形)的水平投影。

② 由侧棱线的高度按三等关系画其余两个视图。

3. 棱柱的表面上取点

在棱柱表面上取点,是利用棱面有积聚性投影的性质来作投影图,方法如下:

① 棱柱表面都处于特殊位置,其表面上的点可利用平面的积聚性投影求解。

② 按点的投影规律及线和面上点的从属特性作图。

③ 判断点的可见性,面可见,点则可见,反之不可见。

【例4-1】 如图4-3所示,已知正六棱柱表面上点 M、N 的一面投影 m'、(n''),求它们的三面投影。

作图 ① 由于正面投影 m' 可见,所以点 M 在左前棱面上。该棱面的水平投影积聚为一直线段,M 点的水平投影一定也积聚在此线段上,根据三等规律,求出水平投影 m 和侧面投影

m''。由于 m'' 所在的棱面侧面投影可见，则 m'' 可见。

② 因为点 N 的侧面投影 (n'') 不可见，所以点 N 在右后棱面上。该棱面的水平投影积聚为一直线段，N 的水平投影一定也积聚在此线段上，根据三等规律，可求出水平投影 n 和不可见的正面投影 (n')。

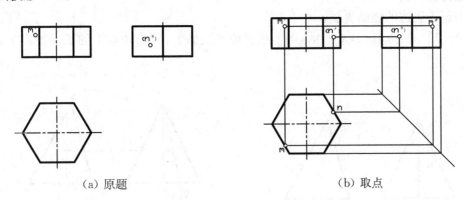

(a) 原题　　　　　　　　　　　　　　　(b) 取点

图 4 - 3　正六棱柱表面取点

4.1.2　棱锥

1. 棱锥的组成

棱锥的各个棱面是三角形，各棱线相交于一点，该点为锥顶。正棱锥的各个棱面是等腰三角形。常见的棱锥有正三棱锥和正四棱锥。

如图 4 - 4(a)所示，正三棱锥由三角形的底面和三个棱面围成。

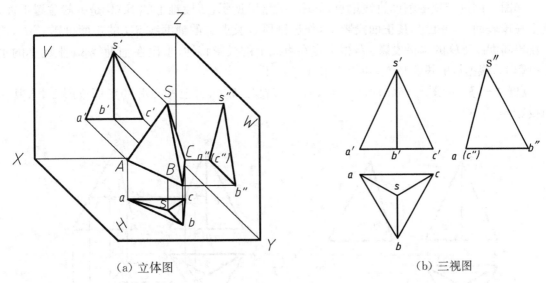

(a) 立体图　　　　　　　　　　　　　　(b) 三视图

图 4 - 4　三棱锥

2. 棱锥的投影特性

如图 4 - 4(b)所示，三棱锥的三角形底面是水平面，其水平投影反映实形，正面投影和侧面投影积聚为直线。左、右棱面为一般位置平面，其三面投影不反映实形，均为类似三角形。后棱面是侧垂面，侧面投影积聚为直线，水平和正面投影均为类似三角形。正面投影中左右棱面可见，水平投影中三个棱面均可见，底面不可见，侧面投影左棱面可见。

3. 棱锥表面上取点

在棱锥表面取点时,对特殊位置平面上的点,可利用平面投影的积聚性直接求其投影。对一般位置平面上的点,必须通过在该平面上作辅助线的方法求其投影。常用的辅助线有两种:

① 过锥顶的辅助直线;

② 平行于底边的辅助直线。

【例 4-2】 如图 4-5(a)所示,点 I 在三棱锥表面上,并已知点 I 的正面投影 1′,求其三面投影。

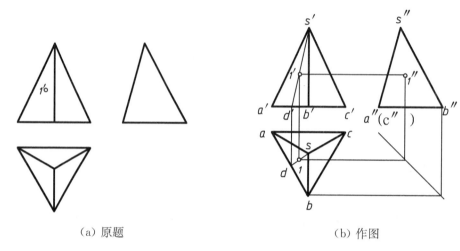

(a) 原题　　　　　　　　　　　(b) 作图

图 4-5　棱锥用过锥顶的辅助线取点

作图　用过锥顶的辅助直线取点,如图 4-5(b)所示,三棱锥上的 SAB 是一般位置平面,点 I 在该表面上,并已知其正面投影 1′,作过锥顶 S 及点 1′ 的辅助线 SD 的正面投影 $s′d′$,然后作出辅助线 SD 的水平投影 sd,根据点在直线上的投影特性,求出在辅助线 sd 上的 I 的水平投影 1,根据点的投影特性,再由 1′ 和 1 求出 1″。

【例 4-3】 如图 4-6(a)所示,点 II 在三棱锥表面上,并已知点 II 的正面投影 2′,求其三面投影。

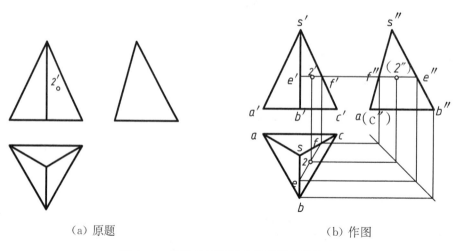

(a) 原题　　　　　　　　　　　(b) 作图

图 4-6　棱锥用平行于底边的辅助线取点

作图　用平行于底边的辅助直线取点,如图 4-6(b)所示,三棱锥的 SBC 也是一般位置平面,点Ⅱ在该表面上,并已知其正面投影2′,过2′作平行于底边的辅助线EF的正面投影e′f′,根据直线的平行性质作辅助线EF的水平投影ef,然后根据点在直线上的投影特性,求出EF水平投影ef上的点2,再由2′和2作出2″,其侧面投影不可见。

4.2 回转体的投影

4.2.1 概述

1. 回转体的组成

由曲面或曲面和平面组成的立体称为曲面立体,常见的基本曲面立体是回转体,回转体是由回转面或回转面和平面组成的立体。回转面是一动线(直线或曲线)绕一固定的轴线回转所形成的表面光滑的连续的曲面,如图4-7所示。通常,将动线称为母线。母线上任一点的运动轨迹都是垂直于轴线的圆,称为纬圆,处于曲面上任意位置的母线称为素线。画回转立体的投影,实际上就是画出组成回转体的回转表面轮廓和平面的投影。因此,作回转体的投影时,应按其形成规律及投影特性作图。

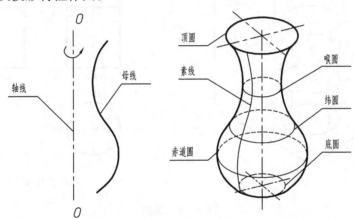

图4-7 回转体的形成

2. 投影

回转曲面对某一投影面投影时,轮廓线是回转曲面在该投影面上可见面与不可见面的分界线(转向轮廓线)的投影,在转向轮廓线之前的回转曲面为可见,反之为不可见。转向素线是对某一投影面而言的,因此不同的投影面就有不同的转向轮廓线。画图时,凡不属于该投影面的轮廓线,一律不应画出。画回转体投影图的步骤是:首先画出回转轴线(用点划线),然后画有圆的特征视图的投影,最后作其余的两个投影,如图4-8所示。

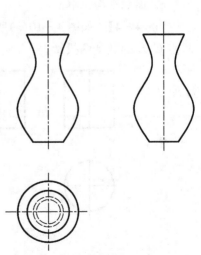

图4-8 回转体的三视图

4.2.2 圆柱体

1. 圆柱的组成

圆柱体是由圆柱面和上、下底面组成。圆柱面可看作由一条直线(母线)围绕与它平行的轴线(回转轴)回转而成,如图 4-9(a)所示。

2. 圆柱的投影特性

如图 4-9(b)所示,当圆柱体的轴线垂直于 H 面时,圆柱体的上、下底面是水平面,其水平投影是一个圆,它反映上、下底面的实形,同时也是圆柱面上所有素线的积聚性投影,正面投影和侧面投影为大小相等的矩形,矩形的上、下边分别是上、下底面的积聚性投影。V 面的矩形的左、右两边是可见的前半圆柱和不可见的后半圆柱的转向轮廓线,又称为最左、最右素线的投影。W 面的矩形的前、后两边是可见的左半圆柱和不可见的右半圆柱的转向轮廓线,又称为最前、最后的素线的投影。

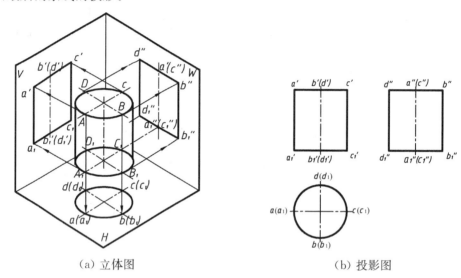

(a) 立体图　　　　　　　　　　　(b) 投影图

图 4-9　圆柱

3. 圆柱表面上取点

【例 4-4】　如图 4-10(a)所示,已知圆柱面上点 C 的正面投影 c' 和点 B 的侧面投影 b'',求点 C、B 的其余两投影。

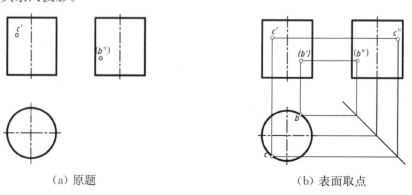

(a) 原题　　　　　　　　　　　(b) 表面取点

图 4-10　圆柱的表面取点

分析　由点 C 的正面投影的位置及可见性可知,点 C 位于前半个圆柱面的左侧。由 B 的侧面投影的位置及不可见性可知,点 B 位于右半个圆柱面的后边。

作图　如图 4-10(b) 所示,利用圆柱面的水平投影的积聚性,由 c' 求出 c,再利用"三等关系"求得 c''。同理,由 b'' 求出 b,再由 b、b'' 求得 b'。判别可见性:由上面分析的 C 点和 B 点的位置可判定出 C 点的三面投影均可见,B 点的 b' 和 b'' 不可见,其余可见。

4.2.3　圆锥体

1. 圆锥体的组成

圆锥是由圆锥面和底圆平面围成。圆锥面是由一条与轴线相交的直母线绕轴回转而成。母线与轴线的交点称为锥顶。圆锥面的所有素线都过锥顶,如图 4-11(a) 所示。

2. 圆锥的投影特性

如图 4-11(b) 所示,当圆锥的轴线垂直于 H 面时,其底面是水平面,在 H 面上的投影反映实形圆,在 V、W 面上的投影积聚为水平线段。

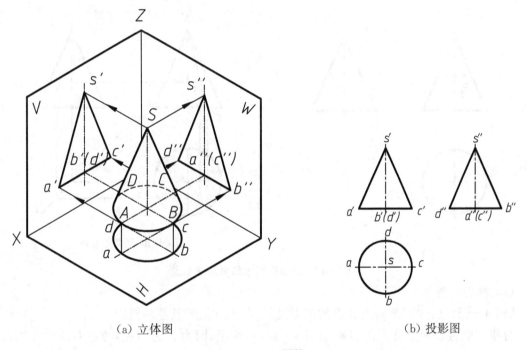

（a）立体图　　　　　　　　　　（b）投影图

图 4-11　圆锥

圆锥面没有积聚性,圆锥面的水平投影也是圆,且与底面圆的水平投影重合;正面投影和侧面投影都是全等的等腰三角形。V 面的三角形是可见的前半圆锥面和不可见的后半圆锥面的转向轮廓线,三角形的两腰又称为圆锥面上最左、最右素线的正面投影。W 面的三角形是可见的左半圆锥面与不可见的右半圆锥面的转向轮廓线,该三角形的两腰是圆锥面上最前、最后素线的侧面投影。最前、最后素线的正面投影和最左、最右素线的侧面投影都与轴线重合,不需画出。

画图时,应先画出各投影的对称中心线和轴线,然后画反映为圆的投影及其另两投影;再按圆锥的高度画顶点的投影和圆锥面另两投影的外形轮廓线。

3. 圆锥体表面上取点

圆锥体底圆平面具有积聚性,其上的点可以直接求出;圆锥面没有积聚性,其上的点需要用辅助线(素线或纬圆)才能求出。

(1) 辅助素线法

【例 4-5】 已知圆锥面上 I 点的正面投影 1′,求 I 点的其他两投影。

分析 圆锥表面上 I 点的投影如图 4-12(a)所示,首先确定点 I 在圆锥面上的位置,因为 1′为可见,故 I 点应位于圆锥的前面、左边的四分之一圆锥面上;由于圆锥的投影无积聚性,故必须过 I 点在圆锥面的正面投影上作一辅助线,取过锥顶 S 的素线并作出素线 SA 的水平投影,再按点在线上的投影特性求得点 I 的水平投影和侧面投影。

作图 如图 4-12(b)所示,连接 s′和 1′并延长使之与底圆相交于 a′,直线 s′a′即为过点 I 的圆锥面上的辅助素线 SA 的正面投影。按投影规律求出这条素线 SA 的水平投影 sa,点 I 位于辅助线 SA 上,因此,点 I 的水平投影 1 必是位于辅助线 SA 的水平投影 sa 上,已知点的两面投影,点 I 的侧面投影按点的投影规律作出。

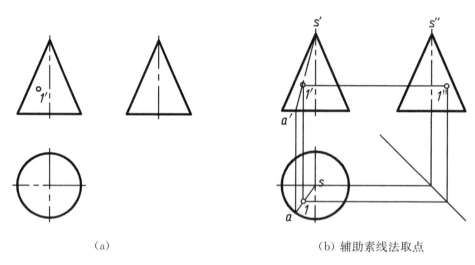

(a)   (b) 辅助素线法取点

图 4-12 圆锥表面辅助素线法取点

(2) 辅助纬圆法

【例 4-6】 已知圆锥面上 II 点的正面投影 2′,求 II 点的其他两投影。

分析 圆锥表面上 II 点的投影如图 4-13(a)所示,因为 2′为可见,故点 II 应位于圆锥的前面、右边的 $\frac{1}{4}$ 圆锥面上;由于圆锥的投影无积聚性,故必须过点 II 在圆锥面上作一辅助线,为了作图方便,可取过垂直于回转轴的截线圆,再按点在线上的投影特性求得点 II 的水平投影和侧面投影。

作图 如图 4-13(b),过点 2′作一水平线,使其与圆锥正面转向轮廓素线的投影相交于 a′b′,这条线段即为过点 II 的辅助圆的正面投影(积聚成直线),其长度即为辅助圆的直径。由此作出辅助圆的水平投影圆。过点 2′作与 OX 轴垂直线与辅助圆的水平投影相交,其交点即为点 II 的水平投影。由点 II 的正面投影 2′和水平投影 2 按投影规律即可求得点 II 的侧面投影 2″,2 和 2′位于可见表面,均为可见。侧面投影 2″位于圆锥表面的右侧面,投影不可见。

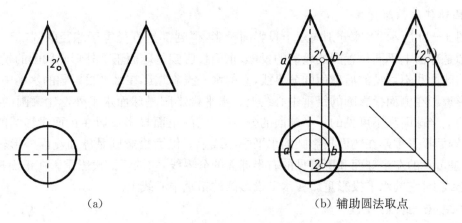

（a）　　　　　　　　（b）辅助圆法取点

图 4 - 13　圆锥表面作辅助圆取点

4.2.4　圆球体

1. 圆球的组成

球是由球面围成，球面是由圆母线绕其任一直径为转轴回转而成的。如图 4 - 14 所示，圆母线的圆心成为球面的球心，球面上不存在直线。

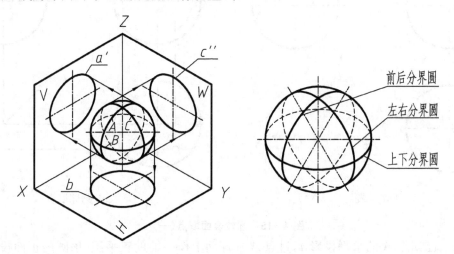

（a）立体图

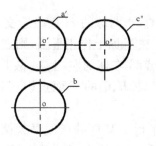

（b）三视图

图 4 - 14　圆球

2. 圆球体的投影特性

如图 4-14 所示，将球分别向三个投影面投影，得到都是直径等于球径的圆，但三个投影面上的圆是球面上不同位置圆的轮廓的投影，正面投影圆是球面正面外形轮廓圆的投影，也是可见的前球面和不可见的后球面的分界线，它的水平投影重影在水平投影圆的水平中心线上，侧面投影重影在侧面投影圆的铅垂中心线上。水平投影圆是球面水平外形轮廓圆的投影，也是可见的上半球面和不可见的下半球面的分界线，它的正面投影重影在正面投影圆的水平中心线上，侧面投影重影在侧面投影圆的水平中心线上。侧面投影圆是球面侧面外形轮廓圆的投影，也是可见的左半球面和不可见的右半球面的分界线，它的正面投影重影在正面投影圆的铅垂中心线上，它的水平投影重影在水平投影圆的铅垂中心线上。

3. 球表面上取点

球面的三个投影均无积聚性，因此球面上取点，要用**辅助纬圆法**，辅助圆的半径是从中心线到轮廓线距离，作图时要注意。

【例 4-7】 已知圆球面上点 A 的 H 面投影 a，试求点 A 的其他投影，如图 4-15 所示。

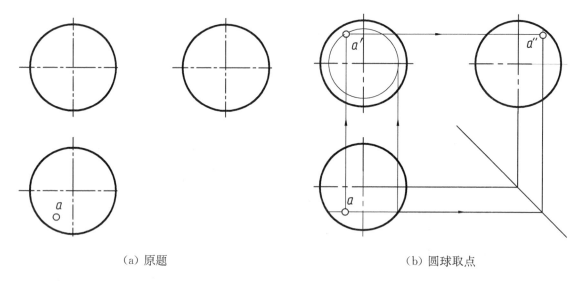

（a）原题　　　　　　　　　　　　　（b）圆球取点

图 4-15　圆球表面取点（一）

分析　已知点 A 的水平投影 a，过点 A 在球面上作一辅助正平圆，该圆的正面投影为圆，水平和侧面投影积聚为直线，求出辅助圆的三个投影，即可用线上找点的方法求 A 的正面和侧面投影。

作图　过 a 作平行于 x 轴的直线，与球的 H 面投影交于圆球投影的水平轮廓线上，以直线与轮廓的两交点的距离为直径，在 V 面上作正平圆，则点 A 点的正面投影 a' 必在此辅助圆的正面投影上，由 a、a' 求出 a''，因点 A 在球的左、上方，故其 V、W 面投影 a' 与 a'' 均为可见。

【例 4-8】 已知圆球面上点 A、B、C 的 V 面投影 a'、b'、c'，试求各点的其他投影，如图 4-16(a) 所示。

分析　因为 a 为可见，且在平行于 V 面的正面最大圆上，故其 H 面投影 a 在水平对称中心线上，W 面投影 a'' 在垂直对称中心线上；b' 为不可见，且在垂直对称中心线上，故点 B 在平行于 W 面的最大圆的后半部，可由 b' 先求出 b''，最后求出 b，以上两点均为特殊位置点，可直接作图求出它们的另外两投影。由点 c 在球面上不处于特殊位置，故需作辅助圆求解。

作图 A、B 两点在圆球的最大的正平圆和侧平圆上可直接在轮廓线上作出。C 点作水平辅助圆作图,过 c' 作平行于 x 轴的直线,与球的 V 面投影交于点 $1'$、$2'$,以 $1'2'$ 为直径在 H 面上作水平圆,则点 C 的 H 面投影 c 必在此辅助圆上,由 c、c' 求出 c'';因点 C 在球的右、下方,故其 H、W 面投影 c 与 c'' 均为不可见。

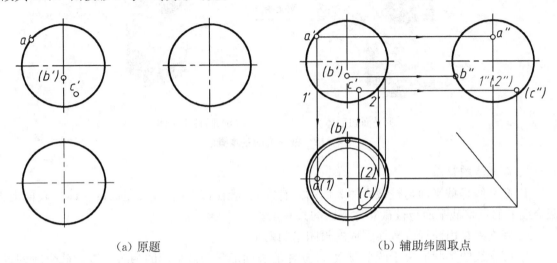

（a）原题　　　　　　　　　　（b）辅助纬圆取点

图 4-16　圆球取点(二)

4.3　切割体的投影

工程上经常可以看见一些机器零件的某些部分是根据不同的结构要求由平面与立体相交所形成的,即立体被平面切割而成,我们又称这种立体为切割体。

如棱柱、棱锥、圆柱、圆锥、圆球等一些基本立体被具有特殊位置特征的截平面截切,是工程中比较常见的结构,其投影特性与视图表达也是工程制图的一个重要内容,如图 4-17 所示。

图 4-17　常见切割体的示例

4.3.1　切割体上截交线的基本概念及作图方法

1. 基本概念

用平面与立体相交并截去立体的一部分叫切割,与立体相交的平面叫截平面,截平面与立体表面的交线叫做截交线,而由截交线所围成的平面称为截断面,如图 4-18 所示。截交线是产品设计过程中经常可见的几何要素,所以为了正确地表达切割立体的形状,学习准确地画出切割立体截断面上截交线的投影,是正确表达切割立体投影的基本要求。

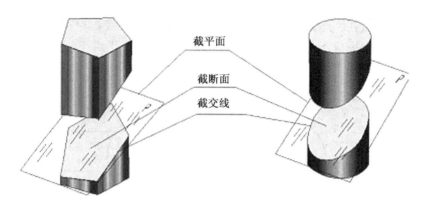

（a）平面切割体　　　　　　　　（b）回转切割体

图 4-18　截交线的基本概念

2．截交线的性质

① 截交线是截平面与被截立体表面的共有线，它既在截平面上，又在被截立体的表面上，截交线上的点是截平面与被截立体表面的共有点。

② 截交线是由曲线或直线围成的封闭平面图形。

③ 截交线的形状取决于两个要素，即立体的表面形状与截平面的相对位置。截交线的投影则取决于截平面与投影面的相对位置。

④求截交线的实质是求截平面与立体表面上的一系列共有点，然后依次光滑连接各点，得到交线。

3．求截交线的方法和步骤

（1）空间及投影分析

① 分析被截立体的表面形状以及截平面与被截立体的相对位置以确定截交线的空间形状。

② 分析截平面及立体与投影面的相对位置，如积聚性、类似性等投影特性，从而找出截交线的已知投影，预见未知投影。

（2）作图

① 求交线上的特殊点，确定截交线的形状和范围。平面体上的特殊点是棱线上的点和极限位置点，回转体上的特殊点是外形轮廓素线上的点和极限位置点。

② 求一般点，使截交线光滑，准确判别可见性。

③ 依次连接各点成光滑曲线，完善轮廓投影。

4.3.2　平面切割体的投影

1．平面切割体上的截交线的性质

由于平面立体的各个表面都是由平面组成，所以平面切割体的截交线是由直线段组成的一个封闭的平面多边形，多边形的各顶点是截平面与被截立体棱线或底边的交点，多边形的各边是截平面与平面立体相应表面的共有线。求平面切割体的投影，首先要求平面立体的截交线的投影，即求棱线与截平面的共有点，然后依次连接而得到截交线的投影，最后完成切割立体的投影。如图 4-19 所示，常见的情况多为特殊位置的截平面与平面立体相交。由于特殊位置平面投影具有积聚性，所以相交立体的棱线与截平面的交点可利用截平面的有积聚性的投影定位求出。

2. 棱柱切割

【例 4 - 9】 完成截切正六棱柱的水平投影和侧面投影,如图 4 - 19 所示。

分析 由图 4 - 19(a)可知,基本体为正六棱柱,六条棱线均为铅垂线,切口由一个正垂面截切后形成,截平面与六个棱面及上顶面共七个面都相交,其五个顶点分别是五条棱线与截平面的交点,另外两个顶点是截平面与顶面的交点,故截交线为平面七边形,因截平面为正垂面,所以截交线的 V 面投影积聚为直线,H 面投影和 W 面投影为类似的七边形。

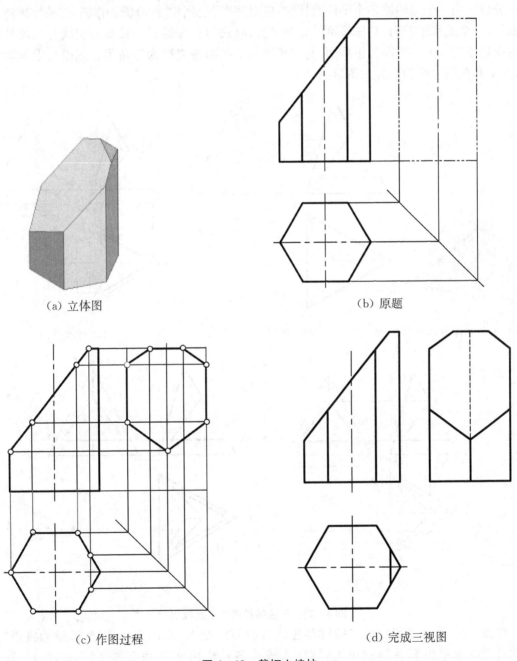

(a) 立体图   (b) 原题

(c) 作图过程   (d) 完成三视图

图 4 - 19 截切六棱柱

作图 ① 如图4-19(b)所示,画出六棱柱的侧面投影。

② 利用截平面正面投影的积聚性,先找出截交线与棱线各交点的正面投影,利用棱柱投影的积聚性作出截交线上各点的水平投影。根据截交线各点的两面投影作出截交线的侧面投影,如图4-19(c)所示。

③ 依次连接立体各点的同面投影,加深,整理全图,并完成三视图,如图4-19(d)所示。

3. 棱锥切割

【例4-10】 求三棱锥被两个平面截切后的三视图,如图4-20所示。

分析 当一个立体被多个平面截切时,应对截平面逐个进行分析和作图,三棱锥被两个平面截切,一个是水平截面,与三棱锥的底面平行,故它与三棱锥三个棱面的交线与三棱锥底面的对应边平行。另一平面为正垂面,与三棱锥三个棱面的交线为三角形。正面投影积聚为直线,水平和侧面投影为类似三角形。

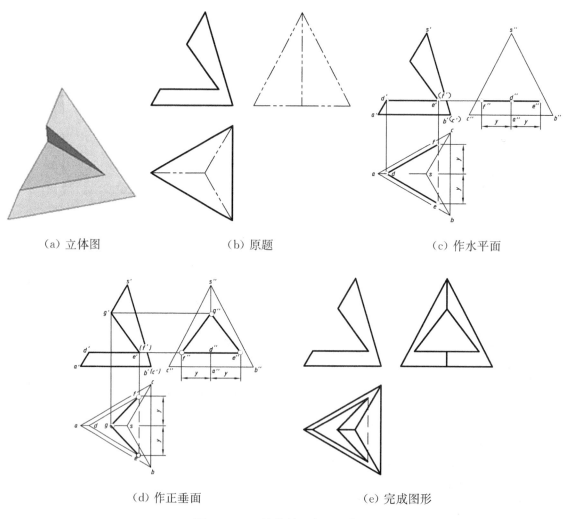

(a) 立体图   (b) 原题   (c) 作水平面

(d) 作正垂面   (e) 完成图形

图4-20 三棱锥被两个平面截切

作图 ① 作水平截面与三棱锥各棱线和棱面的交点 D、F、E,利用平行线的投影特性求出各点的水平投影并判别可见性,顺次连接各点作出水平截面的交线,如图4-20(c)所示。

② 根据点和直线的投影规律,作正垂截面与三棱锥各棱线的棱面的交点 G、F、E 并判别可见性,顺次连接各点,作出正垂截面的交线,如图 4 - 20(d) 所示。

③ 加深,整理图形,将可见轮廓线画成粗实线,不可见轮廓画成虚线,并完成作图,如图 4 - 20(e) 所示。

4.3.3 回转切割体的投影

1. 回转切割体上的截交线的性质

回转体被平面切割时在表面上产生的交线称为截交线,当截切的位置不同,截交线的形状也不同。一般是封闭的平面曲线或平面曲线与直线围成的平面图形,特殊情况下是直线组成的平面多边形。求回转体切割体截交线的实质,就是求出截平面与回转体表面上的共有点,然后依次连接成光滑的曲线。

2. 作图步骤

① 求特殊位置点的投影,特殊位置点是指截交线上的最高、最低、最前、最后、最左、最右点,回转立体投影轮廓线上的点以及可见与不可见的分界点等,特殊点决定了截交线的图形范围。

② 求一般位置点的投影,在特殊点之间作一般点,它使截交线更加准确和光滑。

③ 判断可见性,依次光滑连接上述各点,即得截交线的投影。

3. 圆柱切割体的投影

平面与圆柱相交时,形成圆柱切割体。根据截平面相对圆柱轴线位置的不同,圆柱被切割后,其截交线有三种形式,即圆、椭圆和两条与轴线平行的直线,见表 4 - 1 所示。

表 4 - 1　平面与圆柱相交的三种形式

截平面位置	垂直于轴线	倾斜于轴线	平行于轴线
截交线	圆	椭 圆	两平行直线(矩形)
轴测图	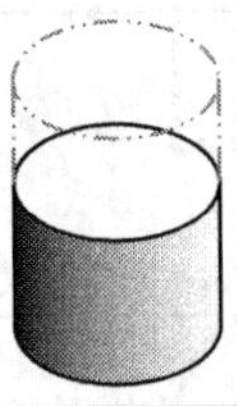	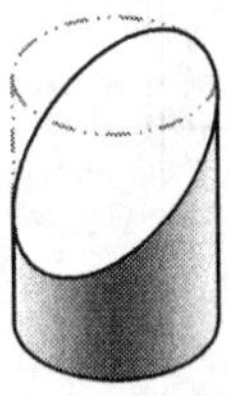	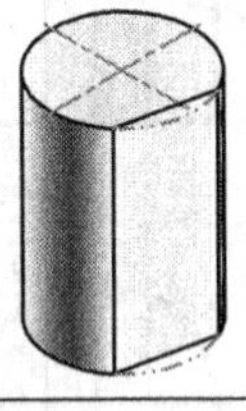
投影图	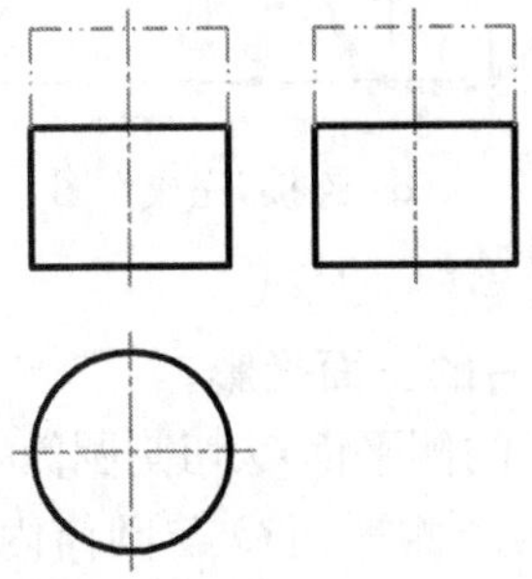	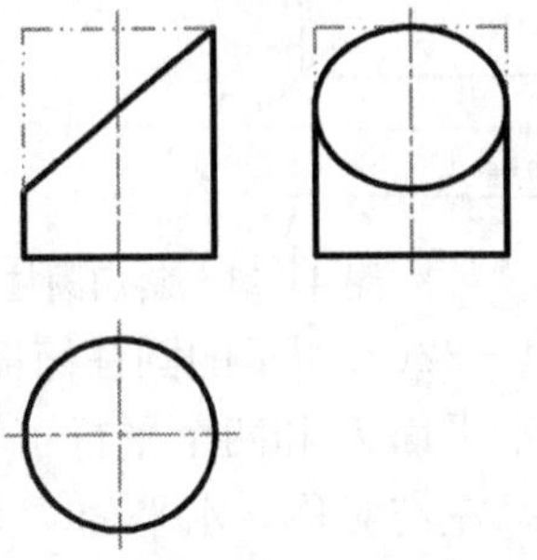	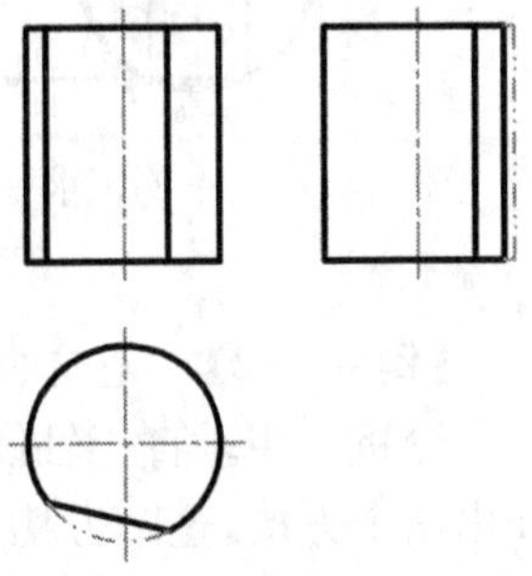

【例 4 - 11】 已知圆柱体被一正垂面切割,求切割体的三面投影。

分析 由图 4-21(a)可知：截平面 P 倾斜于圆柱轴线，截交线的空间形状为椭圆。由于圆柱的轴线为铅垂线，截平面 P 为正垂面，因此截交线的 V 面投影重合在直线 $a'c'$ 上，H 面投影重合在圆上，W 面投影则为椭圆，若截平面与圆柱轴线成 $45°$ 相交时，则 W 面投影为圆。

作图 ① 求特殊点：如图 4-21(b)所示，点 A 和点 C 分别是截交线的最低、最高点，点 B 和点 D 分别是截交线的最前、最后点，它们也是椭圆长短轴的端点。它们的 V 面、H 面投影可利用积聚性直接求得，然后根据 V 面投影 a'、c' 和 b'、d' 以及 H 面投影 a、c 和 b、d 求得 W 面投影 a''、c'' 和 b''、d''。

② 求一般位置点：为使作图准确，还须作出若干一般点。如图 4-21(c)所示，在 V 面的已知截交线上的特殊点之间取点 e'、f'、g'、h'，利用圆柱水平投影的积聚性，作出 H 面投影 e、f、g、h，根据已知的各点的两面投影求出 W 面投影 e''、f''、g''、h''点。

③ 判别可见性，依次光滑连接得截交线的 W 面投影，如图 4-21(d)所示。

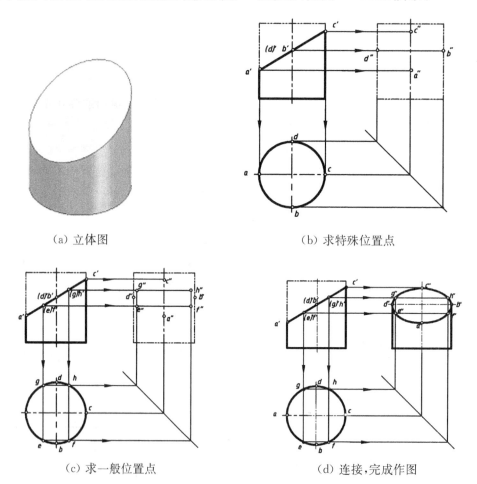

(a) 立体图　　　　　　　　　　　(b) 求特殊位置点

(c) 求一般位置点　　　　　　　　(d) 连接，完成作图

图 4-21 斜切圆柱的投影

【例 4-12】 完成如图 4-22(a)所示的圆柱筒截切后的三面投影。

分析 用垂直于轴线的水平面 P 和两个平行于轴线的侧平面 Q 切割圆筒，在圆筒的上部开出两个方槽，这两方槽前后、左右对称。水平面 P 和两个侧平面 Q 与圆筒内外表面都有交线，其中，平面 P 与圆筒的内外表面交线都为圆弧，平面 Q 与圆筒的交线都为直线。

作图 ① 作出开有方槽的实心圆柱的三面投影图，如图 4-22(b)所示。根据分析，在画出完整圆柱体的三面投影图后,先画反映方槽形状特征的 V 面投影,再作方槽的 H 面投影,然后由 V 面投影和 H 面投影作出 W 面投影。

　　② 加上同心圆孔后,完成方槽的投影。用同样的方法作圆柱孔内表面交线的三面投影。仔细对比,明确实心圆柱和空心圆柱上方槽投影的异同,如图 4-22(c)所示。

　　③ 整理,加深,完成三视图,如图 4-22(d)所示。

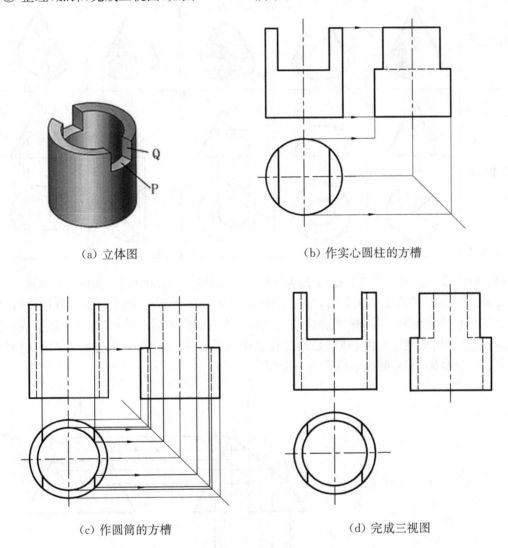

（a）立体图　　　　　　　　　　（b）作实心圆柱的方槽

（c）作圆筒的方槽　　　　　　　　（d）完成三视图

图 4-22　切槽圆筒的投影

4. 圆锥切割体的投影

　　平面与圆锥相交形成圆锥切割体,由于截平面对圆锥轴线的相对位置的不同,其产生的截交线形状,可以是三角形、圆、椭圆、抛物线、双曲线,见表 4-2 所示。

表 4 - 2 平面与圆锥的交线

截平面位置	过锥顶	垂直于轴线	倾斜于轴线 (β > α)	倾斜于轴线 (β = α)	平行或倾斜于轴线
截交线	三角形	圆	椭圆(椭圆+直线)	抛物线+直线	双曲线+直线
轴测图					
投影图					

【例 4 - 13】 已知一直立圆锥被正垂面截切,求圆锥切割体的投影,如图 4 - 23 所示。

分析 直立圆锥被正垂面截切,对照表 4 - 2 可知,截交线为一椭圆。由于圆锥前后对称,所以此椭圆也一定前后对称,椭圆的长轴就是截平面与圆锥前后对称面的交线(正平线),其端点在最左、最右转向线上,而短轴则是通过长轴中点的正垂线。截交线的 V 面投影积聚为一直线,其 H 面投影和 W 面投影通常为一椭圆。

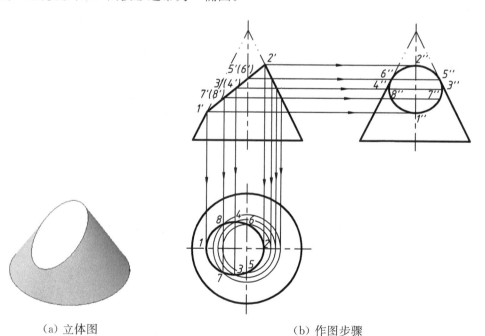

(a) 立体图 (b) 作图步骤

图 4 - 23 圆锥被正垂面截切

作图 ① 求特殊点:最低点Ⅰ、最高点Ⅱ是椭圆长轴的端点,也是截平面与圆锥最左、最右转向轮廓线的交点,可由 V 面投影 1′、2′作出 H 面投影 1、2 和 W 面投影 1″、2″。圆锥的最前、最后转向轮廓线与截平面的交点Ⅴ、Ⅵ,其 V 面投影 5′、(6′)为截平面与轴线 V 面投影的交点,根据 5′、(6′)作点 5″、6″,再由 5′、(6′)和 5″、6″求得 5、6。椭圆短轴的端点Ⅲ、Ⅳ在 V 面上的投影 3′、(4′)应在 1′2′投影的中点处,H 面投影 3、4 可利用辅助纬圆法(或辅助素线法)求得,再根据 3′、(4′)和 3、4 求得 3″、4″。

② 求一般点:为了准确作图,在特殊点之间作出适当数量的一般点,如Ⅶ、Ⅷ两点,可用辅助纬圆法作出其各投影。

③ 依次连接各点,即得截交线的 H 面投影与 W 面投影。

5. 圆球切割体的投影

平面与圆球相交时,形成圆球切割体。圆球被截平面截切后所得的截交线在空间都是圆。根据截平面相对投影面位置的不同,截平面的投影也不同,如果截平面是投影面的平行面,在该投影面上的投影为圆的实形,其他两投影积聚成直线,长度等于截交圆的直径。如果截平面是投影面垂直面,则截交线在该投影面上的投影为一直线,其他两投影均为椭圆,见表 4-3所示。

表 4-3　平面与圆球的交线

截平面位置	与 V 面平行	与 H 面平行	与 V 面垂直
轴测图	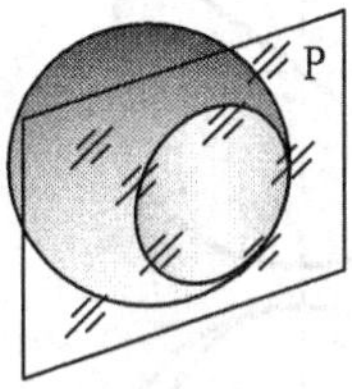	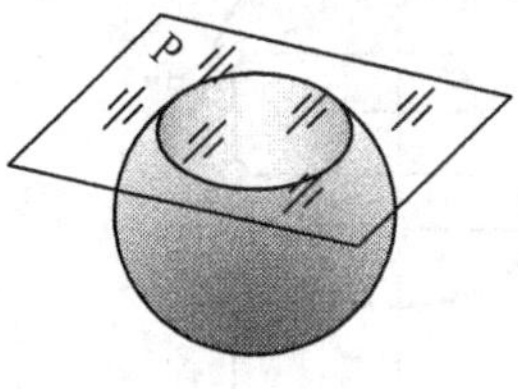	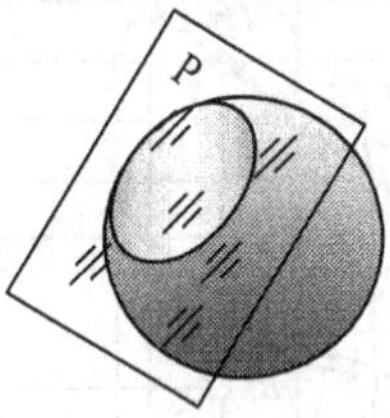
投影图	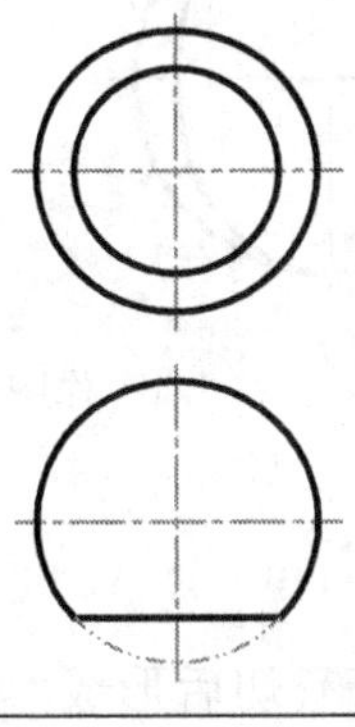	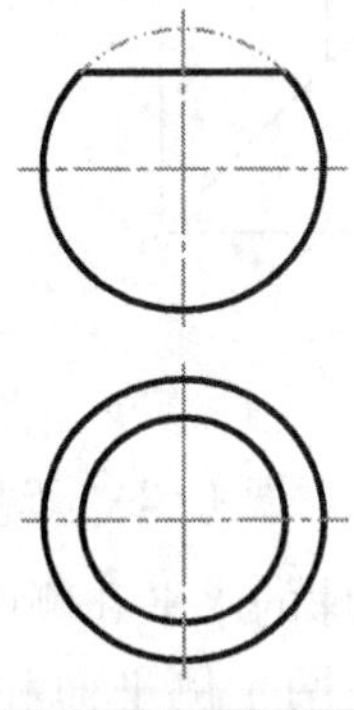	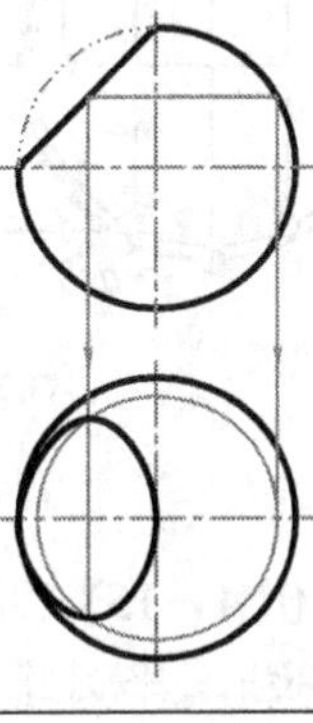

【例 4-14】 作一球被正垂面截切后的俯视图和左视图。

分析 由于截平面与 V 面垂直,截交线在 V 面投影积聚为一直线,且等于截交圆的直径,截平面倾斜于 V 面和 H 面,所以截交线(圆)的水平投影和侧面投影都是椭圆。

作图 ① 求特殊点:截交线最低、最高点Ⅰ、Ⅱ在球面平行于 V 面的最大正平圆上,截交线最前、最后点Ⅲ、Ⅳ,在球面平行于 H 面的最大水平圆上,因这些点都在球面的转向轮廓线上可直接求出,如图 4-24(b)所示。

② 求一般点:在特殊点之间求一般点 A、B、C、D,过 AB 和 CD 作辅助水平圆,求出 A、B、C、D 的水平投影和侧面投影,如图 4-24(c)所示。

③ 连接并完成图形,将各点的水平投影和侧面投影依次光滑地连接起来作图,结果如图 4-24(d)所示。

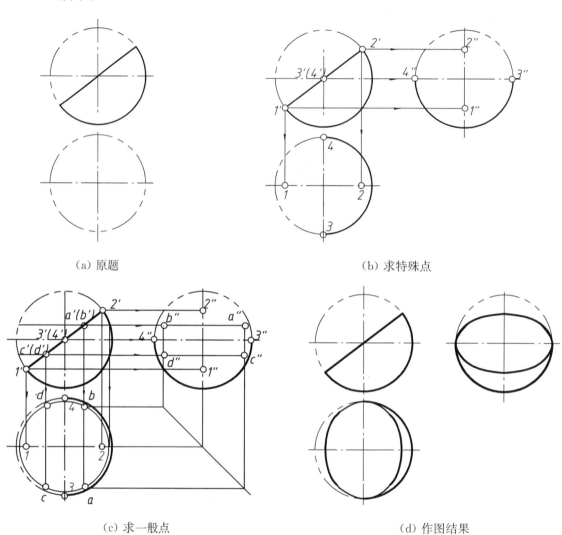

(a) 原题

(b) 求特殊点

(c) 求一般点

(d) 作图结果

图 4-24 正垂面切割圆球

【例 4-15】 完成开槽半圆球的水平和侧面投影。

分析 半圆球上的开槽是由两个侧平面和一个水平面截切后形成。两个侧平面左右对称,其截交线为完全相同的两段侧平圆弧,侧面投影重合并反映实形;水平面的截交线为同一水平圆上的两段圆弧,水平投影反映实形,侧面投影积聚为水平线段。两侧面与水平面的交线都是正垂线,如图 4-25(a)所示。

作图 ① 作水平面的水平投影和侧面投影,如图 4-25(b)所示。因侧面投影不可见,故用虚线画出。

② 求两侧平面的侧面投影和水平投影,如图 4-25(c)所示。

③ 连接并完成图形,如图 4-25(d)所示。

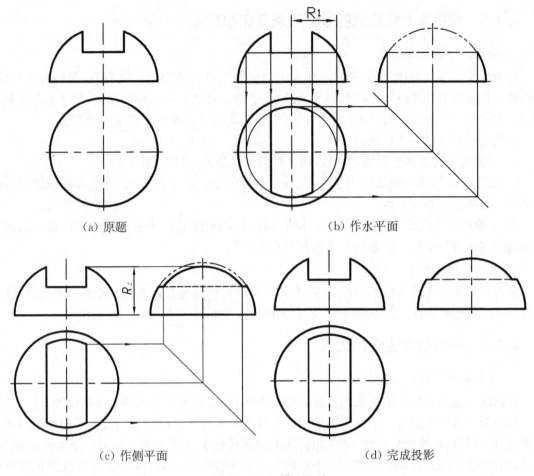

（a）原题 （b）作水平面

（c）作侧平面 （d）完成投影

图 4 - 25　开槽半圆球

4.4　相贯体的投影

在工程中，一些机器零件中是由立体和立体相交所形成的，我们称这种相交立体为相贯体。如图 4 - 26 所示，常见的相贯体以回转体居多，因此着重介绍这类立体及表面交线的投影特性及画法。

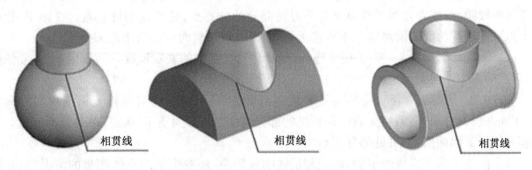

相贯线　相贯线　相贯线

图 4 - 26　常见相贯体示例

4.4.1　相贯体上相贯线的基本概念及作图方法

1．相贯线的概念及性质

两个相交立体称为相贯体，相贯立体表面的交线是两立体表面的共有线，我们称相贯线。两回转立体表面的相贯线，其空间形状一般取决于两回转体表面本身的形状、尺寸大小及其轴线间的相对位置。因此，要正确作出相贯体的投影，就必须正确画出相贯线的投影。

相贯线具有下列一些性质：

① 相贯线是两立体表面的共有线，相贯线上的点是两立体表面的共有点。

② 相贯线的形状一般情况下是封闭、光滑的空间曲线或空间折线（直线和曲线组成），特殊情况下是平面曲线或直线。

③ 影响相贯线投影的因素有：两立体的形状、两立体的大小、两立体的相对位置。求相贯线问题的实质就是求两立体表面一系列共有点的问题。

2．求相贯线的方法

分析两相贯立体的表面的投影特性（有无积聚性）、相对位置及有无已知的相贯线的投影，选择相贯线的作图方法，常用的作图方法有表面取点法和辅助平面法。

4.4.2　表面取点法求相贯线

1．表面取点法的基本概念和方法

表面取点法是利用积聚性求相贯线的投影作图，是解题的基本方法。使用这种方法，其条件是相交两立体中至少有一个立体表面的投影具有积聚性。这种积聚性提供了相贯线的一个投影，然后利用相贯线的公有性，把求相贯线的问题转化为在另一个立体表面上取点的问题。例如，当相交的两回转体中，只要有一个是轴线垂直于投影面的圆柱时，由于圆柱面在这个投影面上的投影（圆）具有积聚性，因此相贯线的这个投影就是已知的。这时，可以把相贯线看成另一回转面上的曲线，利用面上取点作出相贯线的其他投影。积聚性作图法适用于相交的两立体中至少有一个是圆柱，并且圆柱的轴线与某一投影面垂直。

2．表面取点法的作图步骤

（1）作特殊位置的点　相贯线上的特殊点一般是指轮廓线上的点、极限位置的点（如相贯线上最高、最低、最前、最后、最左、最右点）、相贯线本身的特征点（如椭圆的长、短轴端点）等，求出这些点，就能确定出相贯线投影的大致范围和形状。轮廓线上点在很多情况下又是相贯线投影的极限点，或者是相贯线可见与不可见部分的分界点、轮廓线的终止点。作图中，轮廓线上点可以利用轮廓线的对应关系直接求得，所以一般求解时应先求出轮廓线上的点。

（2）作一般位置的点　为了便于连线，提高相贯线投影的准确程度，可以求若干一般位置点，求点的多少视需要而定。

（3）连线、判别可见性　一般连线和判别可见性可同时进行，可见性要根据投射方向判别，在同一投射方向上，两相交表面都可见的部分产生的交线才是可见的，否则为不可见。可见部分用粗实线画出，不可见部分用虚线画出。

以上简述了求相贯线的步骤，画完相贯线的投影后，还要根据两立体相贯的情况，对立体投影的轮廓线进行整理，去掉相贯后已不存在的那部分轮廓线，并正确判别应保留部分的可见性。

3. 用表面取点法求相贯线

【**例 4 - 16**】 已知正交两圆柱的三面投影,求相贯线的投影,如图 4 - 27(a)所示。

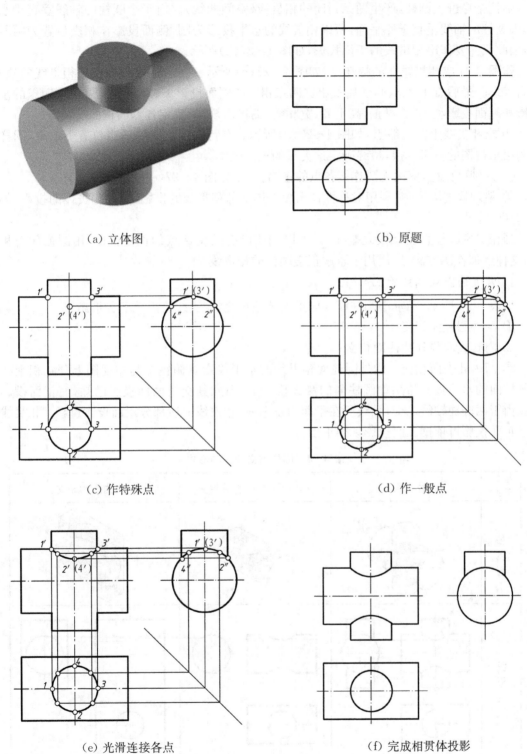

（a）立体图　　　　　　　　　　（b）原题

（c）作特殊点　　　　　　　　　　（d）作一般点

（e）光滑连接各点　　　　　　　　（f）完成相贯体投影

图 4 - 27　两正交圆柱相贯

　　分析　当相贯结构中有两个是圆柱体时,先利用圆柱表面的积聚性,得到相贯线的两个投影;再通过回转体表面取点,作出相贯线的未知投影。由视图可知,两圆柱轴线垂直相交,直立的小圆柱全穿进大圆柱,产生两条封闭的相贯线(空间曲线)。由于小圆柱的轴线垂直于水平面,大圆柱的轴线垂直于侧平面,所以相贯线的水平投影为圆,侧面投影在相交位置为两段圆弧,因此只需要作出相贯线的正面投影,如图 4 - 27(b)所示。

　　作图　① 求相贯线上的特殊点,如图 4 - 27(c)所示。在水平投影中找出相贯线的最左、最右、最前、最后点 1、2、3、4,然后找出这四点相应的侧面投影 $1''$、$2''$、$3''$、$4''$,再由这四点的水平投影和侧面投影利用"长对正,高平齐,宽相等"的投影规律,确定各点的正面投影。

　　② 求相贯线上的一般点,如图 4 - 27(d)所示。在特殊点之间的适当位置上取点,同样可以利用三视图的投影规律,最终确定这类点的正面投影。

　　③ 判别可见性,依次光滑连接各点的正面投影,如图 4 - 27(e)所示。

　　④ 整理检查图形,并利用对称性作出相贯体下部相贯线的投影,完成相贯体的投影,如图 4 - 27(f)所示。

　　当相贯两圆柱直径有较大差异时,可以利用已有的特殊点的正面投影,用圆弧代替相贯线,这种近似作图方法,广泛用于求解正交圆柱的相贯线。

　　4. 常见的圆柱相交的三种形式

　　见表 4 - 4 所示,铅垂小圆柱筒与侧垂大圆柱正交,相贯线有以下三种形态:

　　① 两外圆柱面相交;

　　② 内孔表面与外圆柱面相交;

　　③ 两内孔表面相交。内外圆柱面相贯线的水平投影在俯视图与左视图上分别积聚在铅垂圆柱面的水平投影与侧垂圆柱面的侧面投影上,因此其交线两面投影已知,而正面投影待求。由于两圆柱轴线正交,轴线所在平面为正平面,相贯线前后部分正面投影重影。相贯线上各点正面投影可依据三面投影规律求出。

表 4 - 4　圆柱相交的三种形式

相交形式	两外表面相交	外表面与内表面相交	两内表面相交
轴测图	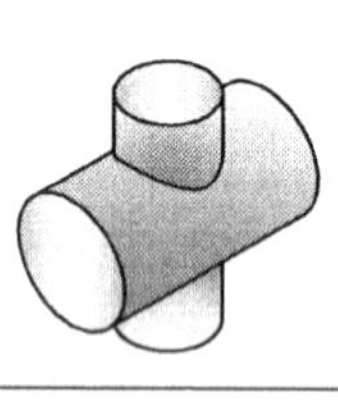	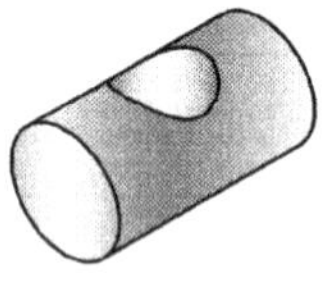	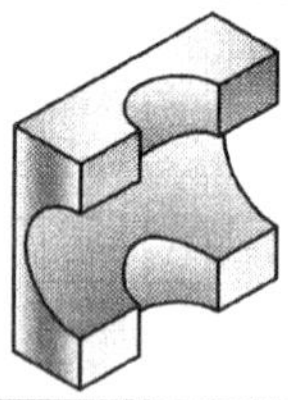
投影图	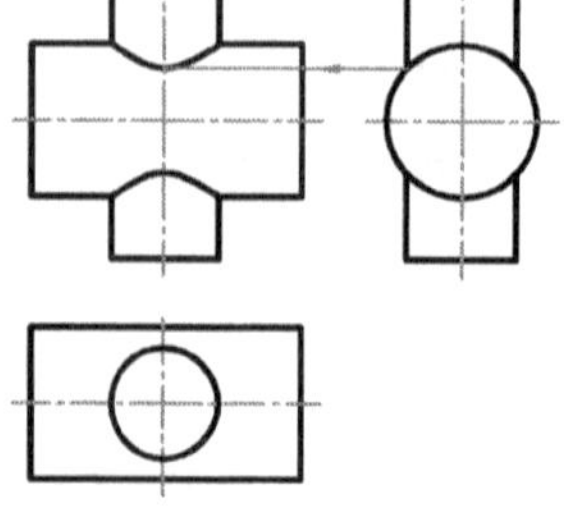	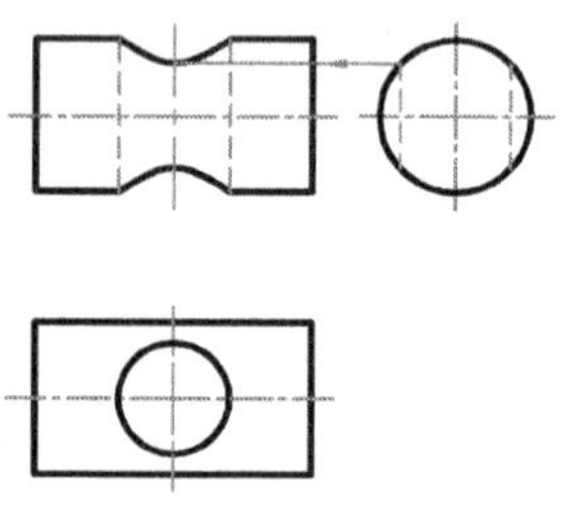	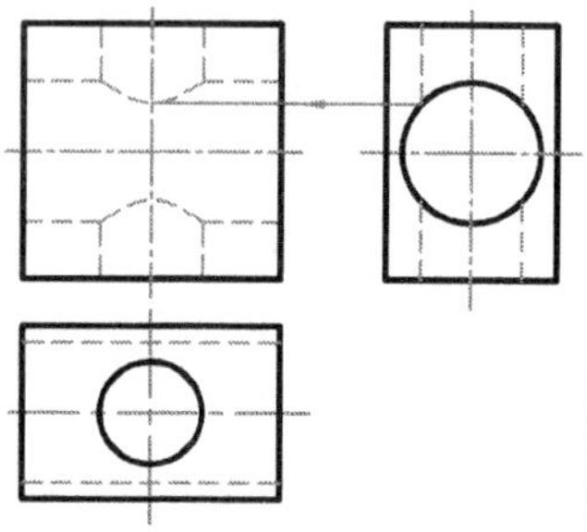

5. 直径对相贯线的影响

正交相贯的两圆柱的尺寸变化时,它的相贯线的形态发生变化,相贯线的投影都是凹向大圆柱的空间曲线,如图 4 - 28 (a)、(c)所示。

当正交两圆柱的直径相等时,相贯线从空间曲线变成平面曲线(椭圆),它们的正面投影成为两条直线,如图 4 - 28(b)所示。

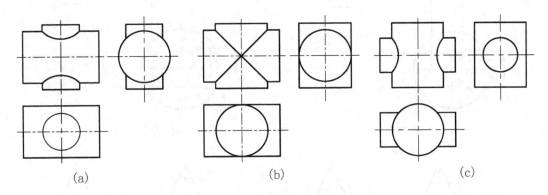

(a)　　　　　　　　　　　(b)　　　　　　　　　　　(c)

图 4 - 28　正交圆柱相贯线的变化情况

【例 4 - 17】　圆柱和圆锥相交,求相贯线的投影,如图 4 - 29(a)所示。

分析　圆锥和圆柱相贯立体中有一个是圆柱体时,圆柱表面的积聚性投影(侧面投影)是相贯线的一个已知投影;将相贯线已知投影(圆)看成是圆锥表面上的已知线,线又由点组成,利用圆锥表面取点,作出相贯线的未知投影。

圆锥和圆柱相贯体轴线垂直相交,具有前后对称平面,因此,相贯线是一前后对称的闭合空间曲线,并且前后两部分的正面投影重合,相贯线的侧面投影重合在圆柱具有积聚性的投影圆上,未知的是相贯线的水平投影和正面投影。

作图　① 求特殊点。先在侧面投影的圆上确定特殊点:最高点和最低点,最前点和最后点,最右点,如图 4 - 29(b)所示。

② 求一般点。定出侧面的点,再找出正面投影上对应的点,根据正面和侧面的点找出水平投影的点。

③ 判别可见性,将各点光滑地连接起来。

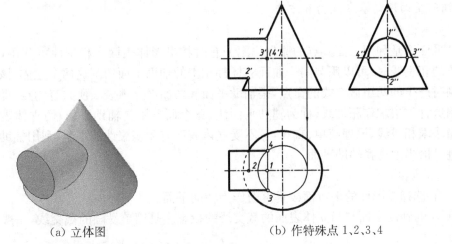

(a) 立体图　　　　　　　　　　　(b) 作特殊点 1、2、3、4

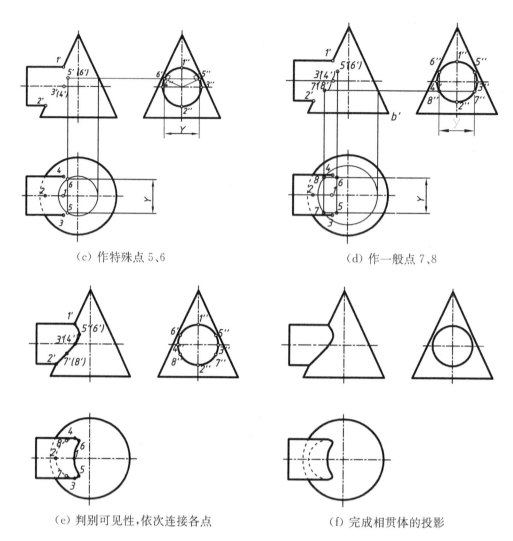

（c）作特殊点 5、6　　　　　　　　　　（d）作一般点 7、8

（e）判别可见性，依次连接各点　　　　　（f）完成相贯体的投影

图 4-29　圆锥和圆柱相贯体

4.4.3　辅助平面法求相贯线

1. 辅助平面法的基本概念和方法

（1）基本概念

辅助平面法是利用三面共点的原理作图。有时相贯形体表面无积聚性可利用，此时作两曲面立体的相贯线时，可以用与两个曲面立体都相交的辅助平面切割这两个立体，该平面与两立体切割时产生的两组截交线的交点，是辅助平面和两曲面立体表面所共有的点，即相贯线上的点。用这种方法求作相贯线，称为辅助平面法，三个面分别是辅助平面、两立体表面。利用辅助平面法求相贯线，原理简单、直观，且不受立体表面有无积聚性的限制，利用辅助平面法解题的关键是恰当地选择辅助平面。

（2）选择原则

① 一般选择投影面的平行面或垂直面作为辅助平面。

② 所作的辅助平面与两立体表面的截交线的投影应是简单易画的截交线，一般应为圆或直线。

2. 圆台与圆球相交

（1）空间投影分析

圆台与圆球相交，由于两立体表面的三个投影都没有积聚性，没有已知相贯线的投影，其相贯线是一封闭的空间曲线，并且相贯线前后对称，左右不对称。需用辅助平面法求出相贯线的三个投影。

（2）选择辅助平面

根据辅助平面选择原则，对于圆锥面，可选垂直于轴线的平面（即水平面）为辅助平面，也可选过锥顶的正平面或侧平面作为辅助平面。对于圆球面应选投影面平行面为辅助平面，因此，可过圆台轴线作一侧平面辅助面和正平面辅助面求特殊点，作水平面辅助面求得相贯线的一般点，如图4-30（a）、（b）所示。

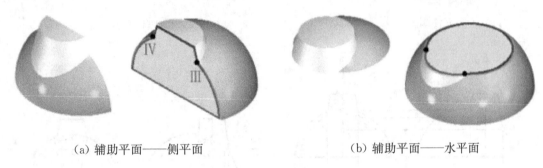

(a) 辅助平面——侧平面　　　　　　(b) 辅助平面——水平面

图4-30　辅助面的选择

（3）作图

① 求特殊点。取一个过圆台锥顶的辅助正平面 S（S 面是相贯体的前、后对称面）去同时截切相贯两立体，该平面与圆台相交为最左和最右素线，与球面相交为最大的正平圆，两截交线正面投影分别是圆台、圆球的正面投影的轮廓线，其交点是相贯线的最高点 a' 和最低点 b'，它的其余投影按正投影规律由 a'、b' 反投回辅助平面的水平投影上得 a、b，由 a'、b' 反投回辅助平面的侧面投影上得 a''、b''。同理，过圆台锥顶的辅助侧平面 Q，该平面与圆台相交为最前和最后素线，与球面相交为侧平圆，两截交线交点 c''、d'' 是相贯线上的最后点和最前点。然后将 c''、d'' 按投影规律反投回辅助面的正面和水平面的投影上，得到 c'、d'，如图4-31（c）所示。

② 求一般点。取水平面 R 为辅助平面，R 与圆台、圆球的交线均为水平圆。该两水平圆的投影的交点1、2即为相贯线上一般点Ⅰ、Ⅱ的水平投影，它的其余投影由1、2按投影规律反投回辅助面的正面和侧面投影上，得到 $1'$、$2'$ 和 $1''$、$2''$，如图4-31（d）所示。同理还可求出一系列的一般点。

③ 判别可见性，依次光滑连接各点的同面投影即完成所求，如图4-31（d）、（e）所示。

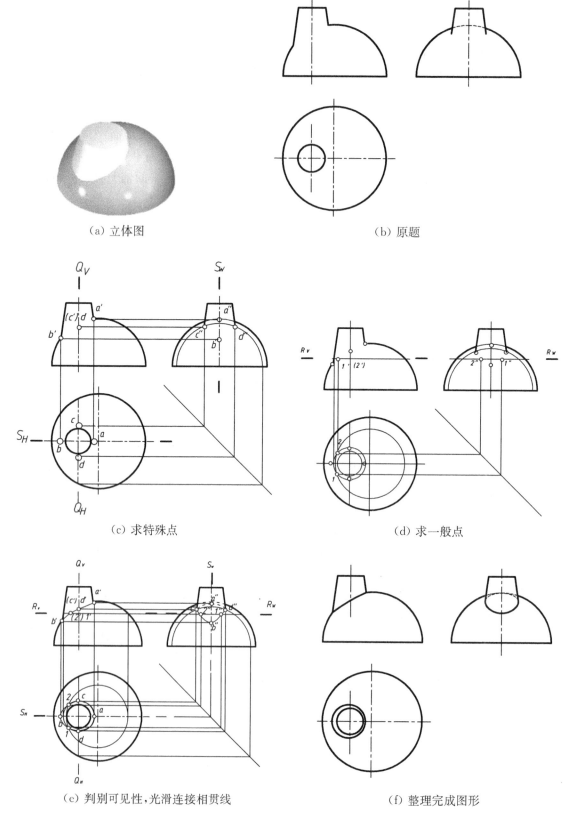

(a) 立体图

(b) 原题

(c) 求特殊点

(d) 求一般点

(e) 判别可见性,光滑连接相贯线

(f) 整理完成图形

图 4 - 31   求半圆台和半圆球的相贯线

3. 半圆球与水平圆柱相交

（1）空间投影分析

半圆球和水平圆柱相贯，相贯体轴线互相垂直相交，具有前后对称平面，因此，相贯线是一前后对称的闭合空间曲线，故相贯线的正面投影重影成一条曲线，侧面投影重合在圆柱具有积聚性的投影圆上，水平投影为封闭的曲线。其辅助平面可以选择与圆柱轴线平行的水平投影面，如图4-32(b)所示，这时辅助面与圆柱面相交截交线为一对平行直线，与圆球面相交截交线为圆，也可选择侧立投影面，这时辅助面与圆柱面相交截交线为圆，与圆球面相交截交线为平行侧面的圆弧。

（2）作图

① 求特殊点。先在侧面投影的圆上确定特殊点，A、B 为截交线最高点和最低点，也是最右点和最左点，可过圆柱轴线作辅助正平面 Q，该平面与圆柱相交为最上和最下素线，与球面相交为最大的正平圆，两截交线正面投影是两立体的正面投影的外形轮廓并相交在 a'、b' 两点。因此，正面投影上可直接得到相贯线的最高点 a' 和最低点 b'。由 a'、b' 和已知投影 a''、b''，可直接求出 a、b，如图4-32(c)所示。

取过圆柱轴线的水平面 S 为辅助平面，该平面与圆柱相交为最前和最后素线，与球面相交为水平圆，两者交点 c、d 为最后点和最前点，也是相贯线上水平投影可见与不可见的分界点。由 c''、d'' 和 c、d 可求得 c'、d'，如图4-32(c)所示。

② 求一般点。在特殊点之间适当位置作辅助面水平面 P，该平面与圆柱相交截交线为一对平行直线，与球面相交截交线为圆，两截交线的水平投影相交在1、2两点。同理求3、4两点，如图4-32(d)所示。

③ 连线、判别可见性。将所求各点的同面投影，依次光滑连接起来，便得所求相贯线的各投影。相贯线的正面投影 $a'2'4'b'$ 可见，画粗实线，$1'3'$ 正面投影不可见并与 $2'4'$ 连线重合。$c1a2d$ 可见，画粗实线，$c3b4d$ 不可见，画成虚线，如图4-32(e)所示。

④ 整理图形，完成投影，如图4-32(f)所示。

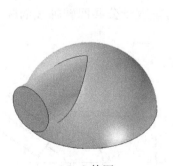

（a）立体图

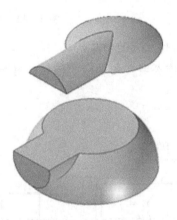

（b）辅助面——水平面

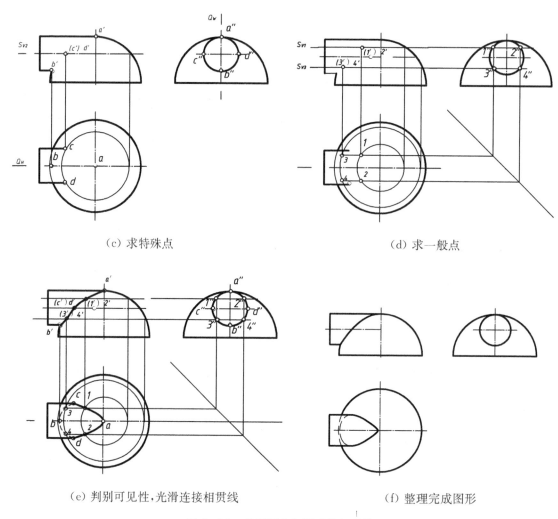

(c) 求特殊点　　　　　　　　　　　　(d) 求一般点

(e) 判别可见性,光滑连接相贯线　　　　(f) 整理完成图形

图 4-32　求半圆台和圆球的相贯线

4. 回转体相交的特殊情况

(1) 具有公共回转轴的两回转体相贯　相贯线为垂直于公共回转轴线的圆,如图 4-33 所示。

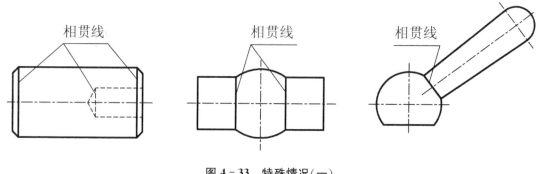

相贯线　　　　　　相贯线　　　　　　相贯线

图 4-33　特殊情况(一)

(2) 具有公共内切球的两曲面立体相贯　相贯线为椭圆,如图 4-34 所示。

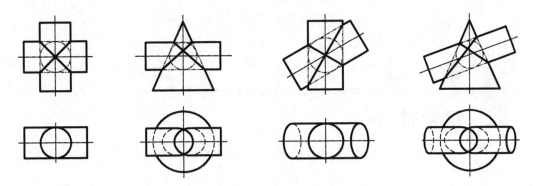

图 4-34　特殊情况（二）

（3）平行的两圆柱相贯或共锥顶的两圆锥相贯　相贯线为直线，如图 4-35 所示。

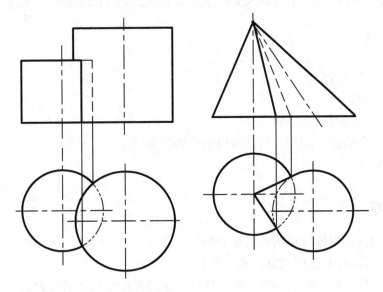

图 4-35　特殊情况（三）

第 5 章

组合体

内容提要

本章主要介绍组合体的组合方式及分析方法、组合体的绘制和阅读方法、组合体的尺寸标注。

学习重点

1. 组合体的形成方法。
2. 视图的选择。
3. 组合体视图的画法及步骤。
4. 运用形体分析法和线面分析法读懂组合体投影图。
5. 组合体视图的尺寸标注。

目的和要求

1. 掌握组合体的形体分析法和线面分析法。
2. 掌握组合体画图、读图的方法和步骤。
3. 具备用形体分析法绘制和阅读组合体的三视图及标注尺寸的能力。

5.1 组合体的组合方式

工程设计中各种复杂的机器零件,从几何形体的角度看,都是由一些基本的平面体和曲面体按一定的方式组合而成的。这种由基本形体组合而成的立体称为组合体,如图 5-1 所示。

（a）叠加式　　　　　　　　　　（b）切割式

图 5-1　组合体

组合体按照其组合方式可分为叠加和切割两种。图5-1(a)为叠加式,它由一些基本形体通过叠合、相交、相切等方式形成。图5-1(b)为切割式,它是在一个长方体上经过切割和钻孔等方式形成了该物体。在工程设计中一般较复杂的机械零件往往是叠加和切割两种方式并存,所以常表现为综合式。

在组合体中,通过叠加或切割形成的表面有下列几种情况,下面分别介绍它们的画法。

1. 叠合

指两个邻接的基本形体的表面互相叠合在一起,如图5-2所示。应当注意的是,当两个形体叠合在一起后,如果某个方向的表面平齐,则两表面之间没有分界线。如果两个形体前后表面平齐,则前后两个表面都没有分界线,如图5-2(a)所示。如果某个方向的表面不平齐,则两个表面之间应有轮廓分界线,如图5-2(b)所示,两个形体前后表面都不平齐,所以前后两个表面都有分界线。

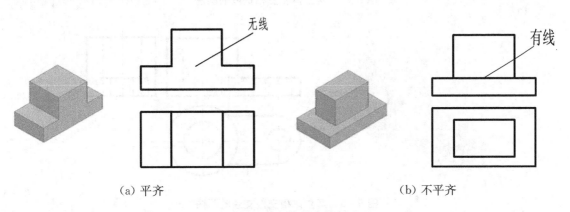

(a) 平齐   (b) 不平齐

图5-2 两立体叠合的画法

2. 相切

当两形体表面相切时,相切处光滑连接,没有交线,该处投影不应画线,相邻表面的投影应画到切点,如图5-3所示。

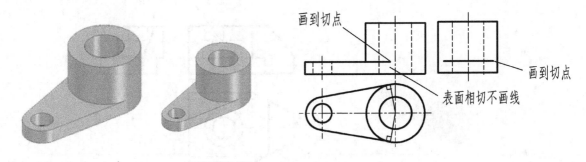

图5-3 两立体相切的画法

3. 相交

当两立体表面相交时,两表面交界处有交线,如相贯线、截交线,作图时应画出交线的投影,如图5-4、5-5所示。

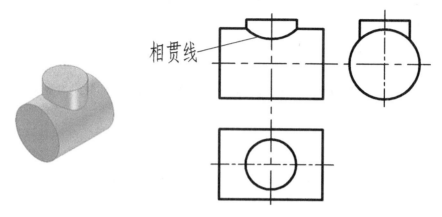

图 5-4　两立体相交相贯线的画法

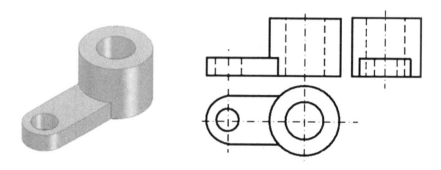

图 5-5　两立体相交截交线的画法

4. 切割和穿孔

这两种情况如图 5-6 所示。

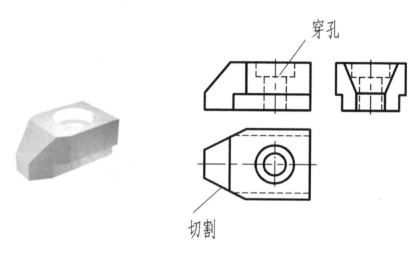

图 5-6　切割和穿孔的画法

5.2 组合体的画法

5.2.1 组合体的形体分析法

为了便于画图和理解复杂的形体,可以把组合体分解为若干个简单的基本几何形体,并且分析这些基本几何形体之间的相对位置和组合形式及表面连接关系,以达到了解整体形状的目的,这种方法称为**形体分析法**。通过形体分析要明确所画组合体由哪几部分组成,每一部分的投影是什么,几何形体之间以什么形式组合和表面结合处的投影关系。

形体分析法是画图的基本方法。画图时,利用它可将复杂的形体简化为若干个简单的基本体来进行绘制,这种分析方法对于作图有着重要的指导作用。

5.2.2 叠加式组合体的画图方法

下面如图 5-7 所示,以轴承座为例,介绍画组合体的方法和步骤:

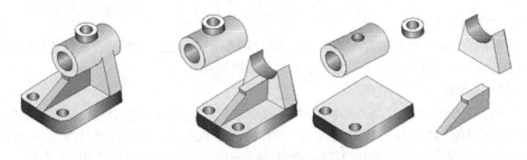

图 5-7 轴承座的形体分析

1. 形体分析

首先分析物体的形状和结构特点,由哪几个基本形体组成,再分析它们之间的相互位置,组合形式,然后选择视图。应用形体分析法我们可将轴承座分为:安装用的**底板**、支承轴颈用的**套筒**、连接底板与套筒的**支承板**和**肋板**、与套筒相交的小**凸台**五个部分组成。它们的组合形式及相邻表面之间的连接关系为:支承板和肋板叠合在底板上,支承板的左右两侧与水平圆筒的外表面相切,肋板上部与水平圆筒的外表面相交,凸台与水平圆筒相贯。

2. 主视图选择及原则

① 选择最能反映组合体的形状特征及各部分形体之间的相互位置关系的方向。

② 组合体的正常位置,是把组合体的主要表面或主要轴线放置成平行或垂直于投影面的位置。

③ 在视图上尽量减少虚线。

④ 投影方向按照人—物—面的投影关系确定。

根据以上原则,画图时,将组合体摆正,选择主视图要选择最能反映组合体形状特征和各部分相对位置的视图作为主视图。在选择主视图的过程中,应从不同方向对组合体进行观察对比。如图 5-8 所示,将 A、B、C、D 作为投影

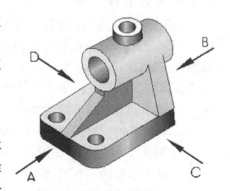

图 5-8 轴承座的投影方向比较

方向作出的视图进行比较。如图5-9所示,*B*向作为主视图,虚线较多,显然没有*A*向清楚。*C*向和*D*向视图表达基本相同,但*D*图作为主视图时其左视图上虚线较多,没有*C*向好,所以可选*A*向和*C*向。这里选择*A*向视图作为主视图,主视图确定后,其他视图的位置也就确定下来。

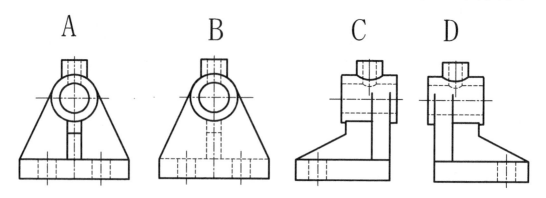

图5-9 各投射方向的视图

3. 确定比例及图幅

根据组合体的大小和复杂程度确定绘图的比例及图幅,考虑尺寸标注及画标题栏的位置,在可能的情况下,尽量采用1:1的比例,以便于绘图和看图。

4. 布置视图

根据各视图的最大尺寸,画出各视图的中心线或基准线。基准线确定后,每个视图在图纸上的具体位置就已确定,并将各视图均匀地布置在图幅内,每个视图需要两个方向的基准线,一般常用对称中心线、轴线或较大的平面作为基准,同时应使各视图间留有足够的位置以便标注尺寸。

5. 画底图

画图顺序应按照形体分析法,逐个画出各基本体的三视图。

① 一般先画主要形体,后画细节;先画形体的可见轮廓,后画不可见轮廓;先画大的形体,后画小的形体。对于回转体,先画出轴线、圆的中心线,再画轮廓线。

② 画每个基本体的形状时都要严格按照三等规律,将三个视图联系起来画并先从反映实形或有特征的视图开始,再按投影关系画出其他视图,以保证正确的投影关系。

③ 正确绘制各形体之间的相对位置及各形体之间表面的连接关系。

6. 检查、修改、加深

底稿画完后,按基本体逐个仔细检查,看是否符合投影规律,并加以修改,检查准确无误后,加深粗图线。加深的顺序是:先加深圆和圆弧,再加深直线,使各种图线光滑连接,相同图线粗细一致,深浅一致。

具体绘图步骤如下:

① 画中心线和基准线,如图5-10(a)所示。

② 画底板的三视图,如图5-10(b)所示。

③ 画圆筒的三视图,如图5-10(c)所示。

④ 画支承板的三视图,如图5-10(d)所示。

⑤ 画肋板的三视图,如图5-10(e)所示。

⑥ 画凸台的三视图,如图5-10(f)所示。

⑦ 检查、加深,如图 5 - 10(g)所示。

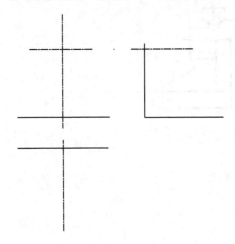

（a）画中心线和基准线

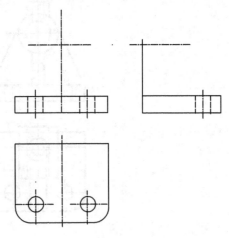

（b）画底板的三视图

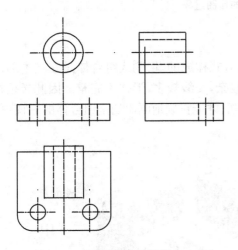

（c）画圆筒的三视图

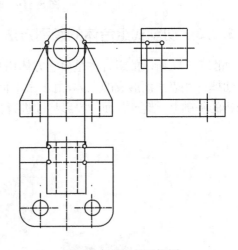

（d）画支承板的三视图

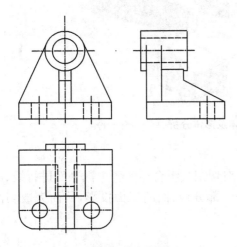

（e）画肋板的三视图

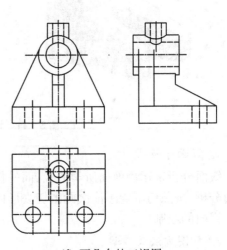

（f）画凸台的三视图

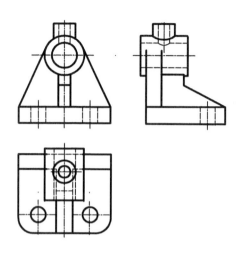

（g）加深图线

图 5 - 10　轴承座的作图过程

5.2.3　切割式组合体的画图方法

如图 5 - 11 所示的组合体是由立方体用切割的方式构成的,切割式组合体是在基本形体上逐步切掉一些表面而形成的立体,由于截平面比较复杂,交线较多,形体不完整。因此必须在形体分析的基础上,结合线、面的投影特性进行投影分析,才能正确地画出切割组合体的三视图。

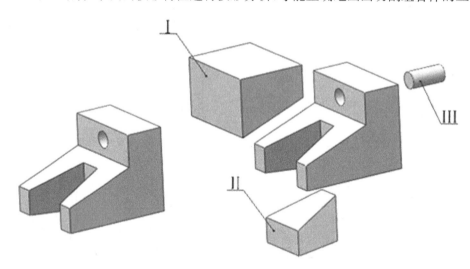

图 5 - 11　切割组合体及形体分析

1. 线面分析

线面分析是运用前面所学的线、面的投影特性对切割式组合体的各个截平面进行线、面的投影分析,按照切割顺序依次画出切去形体后的每一部分线、面的三面投影,从而完成切割体的三视图的绘制。

2. 作图方法及步骤

① 在形体分析的基础上,确定切割组合体在切割前的基本形状及切割后截平面的位置和

形状,如图5-11所示,该组合体是在长方体上依次切去Ⅰ、Ⅱ、Ⅲ形体而形成的立体。

② 选择主视图,选择其反映其结构形状特征方向。

③ 对被切的形体进行线、面分析,找出各截面反映其形状特征的视图,按线、面的投影特性确定各截平面的三面投影,作出切割组合体的三视图。

④ 按线、面的投影特性,逐面检查投影的正确性并加深图线。

【例5-1】 作出如图5-11所示的切割组合体的三视图。

作图 ① 画基本立体的三视图,如图5-12(a)所示。

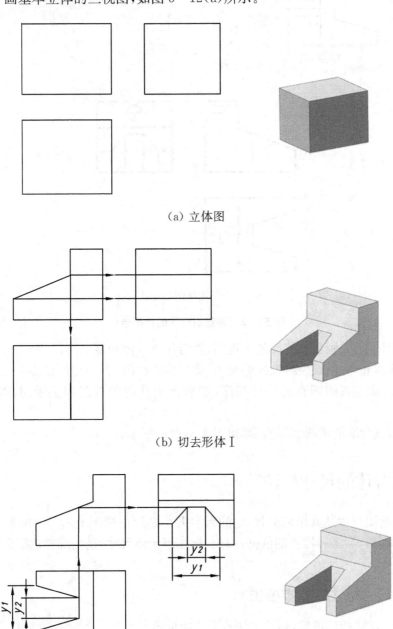

(a) 立体图

(b) 切去形体Ⅰ

(c) 切去形体Ⅱ

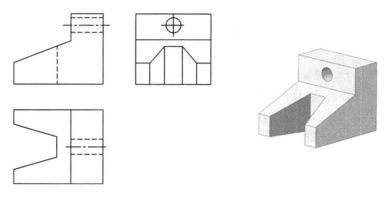

（d）切去形体Ⅲ

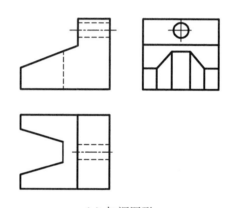

（e）加深图形

图 5－12　切割组合体的作图步骤

② 切去形体Ⅰ,先画反映特征的主视图,然后作俯视图和左视图,如图 5－12(b)所示。

③ 切去形体Ⅱ,先画反映特征的俯视图,然后作主视图和左视图,如图 5－12(c)所示。

④ 钻孔,先画左视图圆孔的特征视图,然后作出孔的俯视图和主视图,如图 5－12(d)所示。

⑤ 检查后按标准的图线加深图形,如图 5－12(e)所示。

5.3　组合体的尺寸标注

　　组合体的视图只表达其结构形状,它的真实大小必须由视图上所标注的尺寸来确定。视图上的尺寸是制造、加工和检验的依据,因此,标注组合体尺寸,是正确表达组合体大小的重要的组成部分。

5.3.1　尺寸标注的基本要求

　　（1）正确　尺寸标注正确,标注方法符合国家标准。

　　（2）完整　标注尺寸必须能够完全地确定组合体的形状、大小及形体间的相互位置,尺寸既不遗漏,也不重复。

　　（3）清晰　标注尺寸的位置恰当,尽量注写在最明显的地方,便于看图。互相平行的尺寸应按大小排列,小尺寸在内,大尺寸在外。

（4）合理　标注尺寸应符合设计、制造和装配及检验等技术要求。

5.3.2　常见基本体、切割体及相贯体的尺寸标注

1. 基本体的尺寸标注

任何一个基本几何体都需注出长、宽、高三个方向的尺寸,虽因形状不同,标注形式可能有所不同,但基本形体的尺寸数量不能增减,如图 5-13、图 5-14 所示。

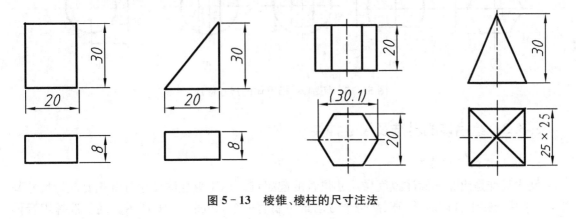

图 5-13　棱锥、棱柱的尺寸注法

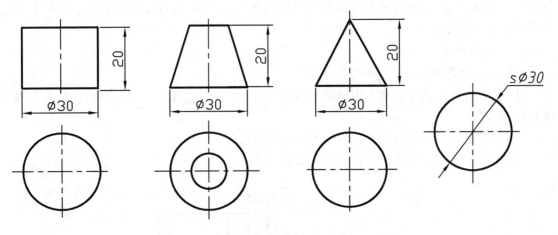

图 5-14　回转体的尺寸标注

2. 切割体及相贯体的尺寸标注

切割体的尺寸标注时,除了标注基本体的定形尺寸外,还需标注截平面的定位尺寸,不允许直接在截交线上标注尺寸,如图 5-15(a)、(b)、(c)、(d)所示。

相贯体标注时,应标注相贯体的定形、定位尺寸,不允许在相贯线上标注尺寸,如图 5-15(e)所示。

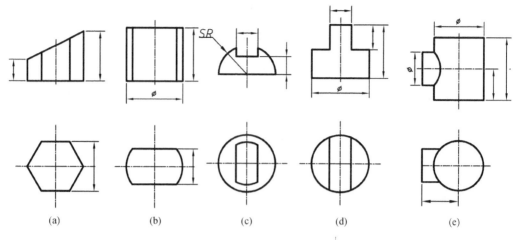

图 5-15　切割体、相贯体的尺寸标注

5.3.3　组合体的基准及尺寸种类

1. 组合体的尺寸基准

尺寸基准是组合体标注或度量尺寸位置的起始点。标注组合体尺寸时首先要选择尺寸基准,尺寸基准在组合体的长、宽、高每个方向最少要有一个,如图 5-16 所示。通常选择组合体较重要的端面、底面、对称平面和回转体的轴线为基准,对称平面为基准标注对称尺寸时,不应从对称平面往两边标注。

2. 尺寸的分类

按尺寸在组合体中的作用可分为:

(1) 定形尺寸　确定各基本形体的形状和大小的尺寸。如图 5-16 中的直径、半径及形体的长、宽、高。

(2) 定位尺寸　确定各基本形体间的相对位置尺寸。

(3) 总体尺寸　组合体的总长、总宽、总高尺寸。

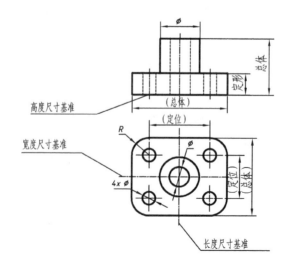

图 5-16　简单组合的尺寸标注

5.3.4 标注组合体尺寸的步骤

下面以图5-17所示物体为例,说明标注组合体尺寸的方法和步骤:

① 首先运用形体分析法,分析它们的结构特点,确定物体由那几个基本体组成,它们之间的相互位置及组合方式。

② 选择尺寸基准,这里首先选定物体的左右对称平面及后端面、底面作为长、宽、高三个方向的尺寸基准,如图5-17(a)所示,逐个标注各基本形体的定形尺寸,如图5-17(b)所示。

③ 确定各形体间的相对位置,标注定位尺寸,如图5-17(c)所示。

④ 标注总体尺寸。应当指出,由于组合体的总体尺寸有时就是某形体的定形尺寸或定位尺寸时,一般不再重复标注,如图5-17(d)所示。

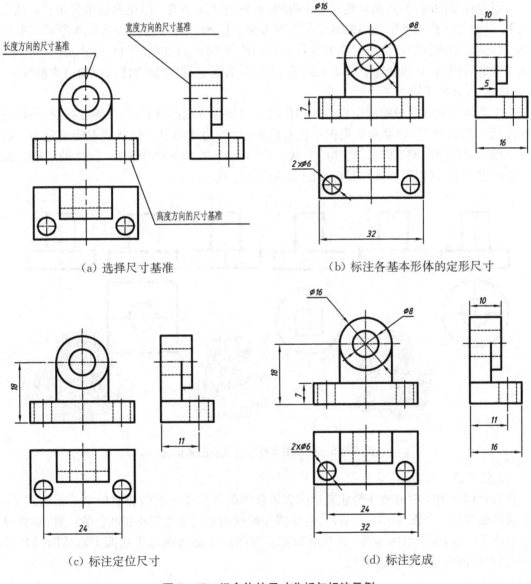

(a) 选择尺寸基准　　　　　　　　　(b) 标注各基本形体的定形尺寸

(c) 标注定位尺寸　　　　　　　　　(d) 标注完成

图5-17　组合体的尺寸分析与标注示例

5.4 组合体的看图方法

组合体的读图过程与画图过程相反。画图是运用正投影法把空间的组合体表示在平面上的方法——由物到图;而读图则是根据已画出的图形,运用投影规律,完整、正确地理解组合体视图所表达的形状、结构、组合方式,想象出组合体的空间结构形状的方法——由图到物。读图过程是平面图形立体化、抽象图形具体化、形象化的过程,这个过程是培养和提高空间思维能力与空间想象力、分析能力与综合能力一种重要手段。

5.4.1 读图的基本知识

1. 抓住特征视图,把几个视图联系起来看

看组合体视图时,不能独立地看一个视图,而应该将几个或一组视图联系起来看。从主视图入手,弄清楚图样上各个视图的名称与投射方向,这是最基本的前提,然后通过对图形的分析、分解,搞清楚物体的各个组成部分及各形体的特征视图,彼此间的组合形式及投影关系,以便在较短的时间里,对该物体有一个大致的了解,最后综合、想象出物体的空间结构形状。

(1) 形状特征视图

在组合体的视图中最能清楚地表达物体的形状特征的视图,称为**形状特征视图**,物体在没有标注尺寸的情况下,如果两个视图中没有特征视图,物体的形状仍然是不能确定的。如图5-18所示,没有给出俯视图时,物体的形状仍然不能确定,俯视图确定后,物体的结构形状就唯一地确定下来,所以俯视图应是图形的形状特征视图。

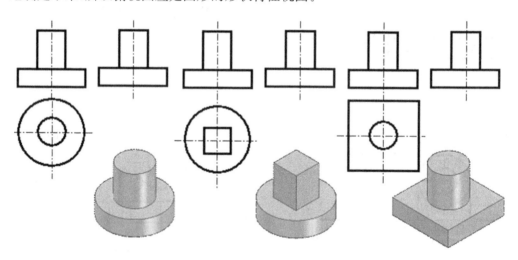

图 5-18 俯视图为形状特征视图的情况

(2) 位置特征视图

在组合体的视图中最能清楚地表达构成组合体的各形体之间的相对位置关系的视图,称为**位置特征视图**。如图5-19所示,从主视图和俯视图是无法确定孔和凸台的位置,不能确定哪个形体是凸起,哪个形体是孔,只有增加了左视图后才能清晰地表达两个形体间的位置特征,所以左视图应是位置特征视图。

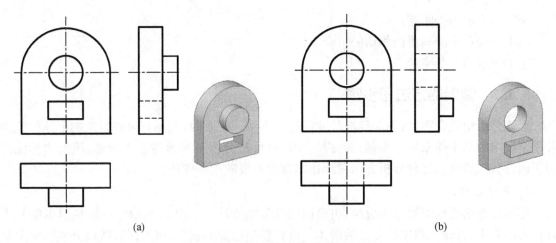

图 5-19　左视图为位置特征图的情况

2. 正确理解视图中线和线框的含义

视图是由线条和线框组成,正确地识别视图中线条和线框的含义是读图时应具备的基本知识。

如图 5-20 所示,视图中的轮廓线的包含实线或虚线、直线或曲线,可以有三种基本含义:

① A—表示物体上具有积聚性的平面或曲面;

② B—表示物体上两个表面的交线;

③ C—表示曲面的轮廓线。

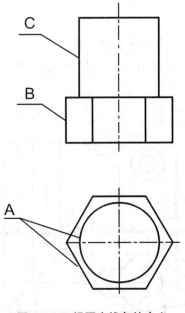

图 5-20　视图中线条的含义

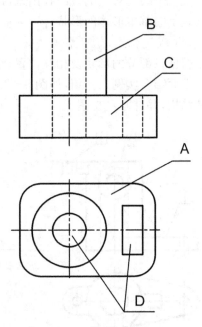

图 5-21　视图中线框的含义

如图 5-21 所示,视图中的封闭线框可以有以下四种基本含义:

① A—表示一个平面;

② B—表示一个曲面；

③ C—表示平面与曲面相切的组合面；

④ D—表示一个空腔。

5.4.2　读图的方法和步骤

形体分析法是画图、看图和标注尺寸的基本方法。画图时，利用它可将复杂的形体简化为若干个简单的基本体来进行绘制；标注尺寸时，也可从分析基本形体着手考虑，使尺寸标注更加正确、完整、清晰。这种分析方法对于作图有着重要的指导作用。

1. 形体分析法

形体分析法是画图的基本方法，也是读图的基本方法，读图时，利用它可以从简单的基本几何形体着手，看懂和想象出复杂的形体。首先根据已知的视图，将视图按线框分成若干个简单的基本组成部分，然后运用投影规律，从视图上的各线框的投影对应找出表示每个形体的三面投影，然后逐个地确定出组成组合体的各基本形体的形状以及这些基本体之间的相互位置、组合方式，最后综合想象出组合体的整体形状。

看图的一般步骤是：

（1）分析视图，划分线框

根据已知的视图，先从主视图或特征视图着手，运用形体分析法，分析组合体的形状和结构特征，如图5－22(a)所示，将视图分解为若干个线框：Ⅰ、Ⅱ、Ⅲ、Ⅳ、Ⅴ。

（2）对照投影，想出形体

运用"长对正，高平齐，宽相等"的投影规律，把几个视图联系起来看，弄清投影关系。对照投影把各个线框对应的视图找出来，抓住每个形体的形状特征视图，对照其他视图，确定出该线框表示的基本形体的形状。

（3）确定位置，想出整体

根据各部分的形状及相互位置、组合方式，综合想象出组合体的整体形状。

下面结合实例来介绍，如图5－22(a)所示，根据所给的主视图和俯视图，读懂该组合体形状和结构，并补画左视图。

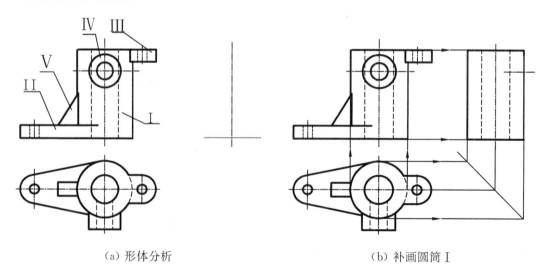

(a) 形体分析　　　　　　　　　　　　　　(b) 补画圆筒Ⅰ

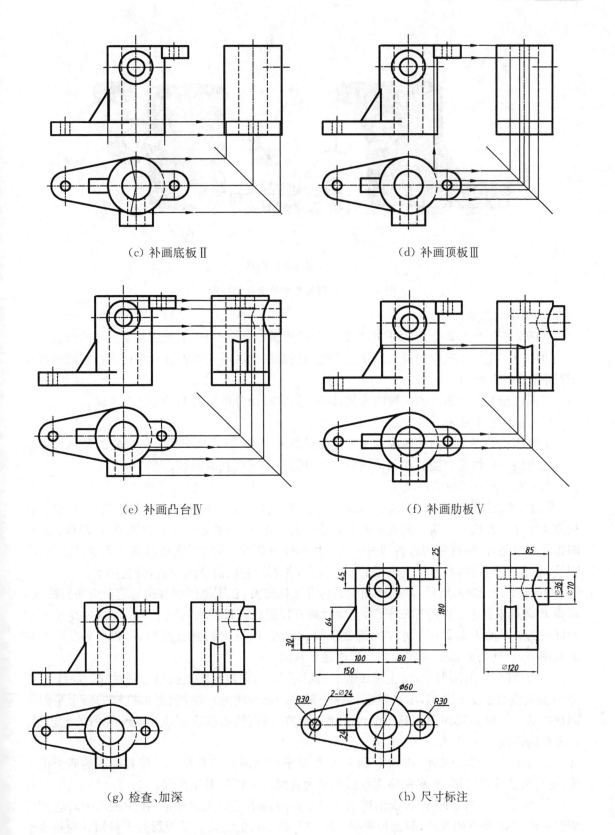

(c) 补画底板 Ⅱ

(d) 补画顶板 Ⅲ

(e) 补画凸台 Ⅳ

(f) 补画肋板 Ⅴ

(g) 检查、加深

(h) 尺寸标注

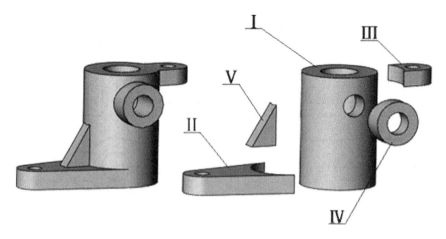

（i）综合想象物体形状

图 5 - 22　用形体分析法读图和补图

2. 线面分析法

线面分析法是形体分析的补充,应用三等投影规律,分析出切割前的基本形体的形状。

看图时一定要正确应用前面所学的直线对投影面的各种相对位置和平面对投影面的各种相对位置的投影特性。

下面以图 5 - 23 压块的三视图为例,说明运用线、面分析法看图的方法和步骤:

（1）分析基本形状

由于压块的三个视图的轮廓基本上都是长方形(只缺掉了几个角),所以它的基本形体是一个长方块。压块是典型的切割体,经过几次切割,形成现在的形状。

（2）进一步分析细节形状

从主、俯视图可以看出,压块右方从上到下有一阶梯孔。主视图的长方形缺个角,说明在长方块的左上方切掉一角。俯视图的长方形缺两个角,说明长方块左端切掉前、后两角。左视图也缺两个角,说明前后两边各切去一块。用形体分析法,确定了压块的基本形状,接下来应用线、面的投影特性,找出每个表面的三个投影,并判断它们的空间位置,分析如下:

① 如图 5 - 23(a)所示,从俯视图中的梯形线框出发,在主视图中找出与它对应的斜线 p',可知 P 面是垂直于正面的梯形平面,正面投影有积聚性。长方块的左上角就是由这个平面切割而成的。平面 P 对侧面和水平面都处于倾斜位置,所以它的侧面投影 p'' 和水平投影 p 是类似图形,不反映 P 面的真实形状。P 面是正垂面。

② 如图 5 - 23(b)所示,由主视图的七边形 q' 出发,在俯视图上找出与它对应的斜线 q,可知 Q 面是垂直于水平面的,水平投影具有积聚性。长方块的左端,就是由这样的两个平面切割而成的。平面 Q 对正面和侧面都处于倾斜位置,因而侧面投影 q'' 也是一个类似的七边形。Q 面是铅垂面。

③ 如图 5 - 23(c)所示,平面 F 和 R 是相互平行而前后位置及上下位置不同的两个正平面,正面投影反映实形,水平和侧面投影积聚为直线。F 和 R 是正平面。

④ 如图 5 - 23(d)所示,S 面俯视图中是由虚线和实线围成的梯形,在主视图中对应的投影是一段与 X 平行的线段,侧面投影是一段与 Y 轴平行的线段。从投影分析得知 S 面是水平面,水平投影反映实形。正面和侧面投影有积聚性。

⑤ 如图 5-23(e)所示,从俯视图中的两个同心圆的封闭线框,联系对照其他视图可知,大圆圈是沉孔的投影,小圆圈是通孔的投影。

⑥ 如图 5-23(f)所示,根据分析综合想象组合体。

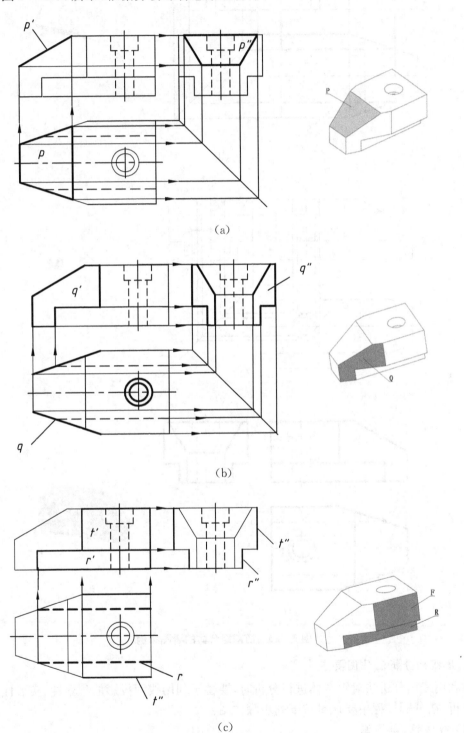

(a)

(b)

(c)

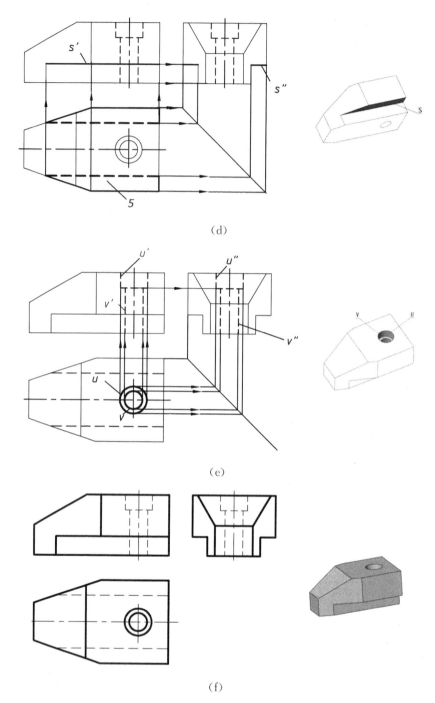

(d)

(e)

(f)

图 5 - 23　切割组合体的看图举例

3. 用线面分析法作图要点

在利用线面分析法对组合体进行分析时,要善于利用线面投影的积聚性、实形性和类似性进行分析,在分析过程中要认真按下列步骤作图:

(1)分线框,识形体

在利用线面分析法进行切割组合体分析的过程中,应先根据组合体视图中的封闭线框确定其基本形体,并分析在大的线框内各封闭的小线框所表示的表面的投影特性。

（2）识交线，想形状

表面相交时，必然产生交线，通过分析各交线的形状（直、曲）和位置，判断产生交线表面的结构形状和相对位置。

（3）综合起来想整体

结合前面的分析，将所有的表面形状和表面间的相对位置综合起来，想象组合体的整体结构，通过分析可以想象出立体的空间结构形状。

【例5-2】 根据所给的主视图和俯视图，读懂该组合体，并补画出切割组合体的左视图，如图5-24(a)所示。

作图 ① 作最大的侧平面 N 的投影，如图5-24(b)所示。

② 作侧平面 P 的投影，如图5-24(c)所示。

③ 作最小侧平面 R 的投影，如图5-24(d)所示。

④ 作正垂面 Q 的投影，如图5-24(e)所示。

⑤ 作铅垂面 S 的投影，如图5-24(f)所示。

⑥ 检查，加深，整理，如图5-24(g)所示。

⑦ 绘立体图，如图5-24(h)所示。

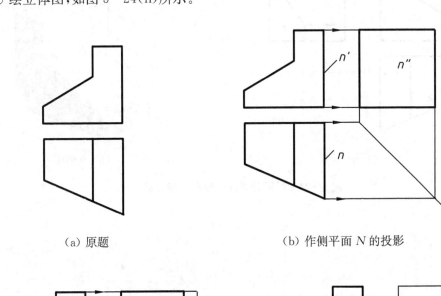

（a）原题	（b）作侧平面 N 的投影

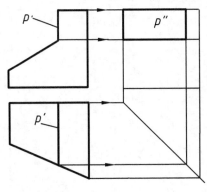

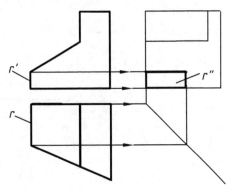

（c）作侧平面 P 的投影	（d）作侧平面 R 的投影

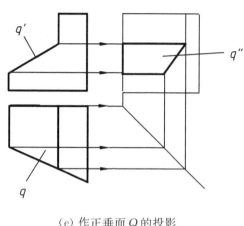

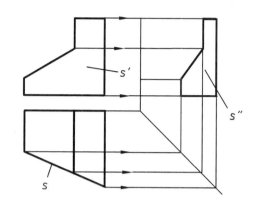

（e）作正垂面 Q 的投影

（f）作铅垂面 S 的投影

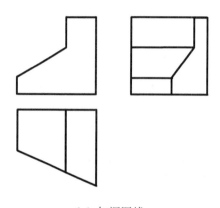

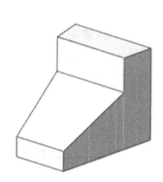

（g）加深图线

（h）立体图

图 5-24　线面分析法读图和补图步骤

第 6 章

轴测图

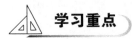

内容提要

本章主要介绍轴测图的基本概念,介绍正等轴测图和斜二轴测图的形成、轴向伸缩系数、轴间角以及绘制正轴等测图(简称正等测)和斜二轴测图(简称斜二测)的方法。

学习重点

1. 掌握正等测图的画法。
2. 掌握斜二测图的画法。

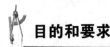

目的和要求

1. 了解轴测图的基本知识,掌握正等测图和斜二测图的基本概念(形成、轴向伸缩系数、轴间角)和作图方法。
2. 通过绘图仪器与绘图工具进行制图作业,提高学生绘制轴测图的能力。

工程图上通常采用多面正投影图样,如图 6-1(a)所示,它可以较完整、准确地表达出物体各部分的结构形状,且作图方便,但这种图样缺乏立体感、直观性差,需要结合几个视图阅读,才能想象物体的空间形状。如图 6-1(b)所示的轴测投影图,能同时反映形体长、宽、高三个方向的形状,具有立体感强、形象直观的优点,可读性高。但轴测投影图不能确切地表达物体表面的真实形状,且作图比较复杂,工程上通常作辅助性图样。

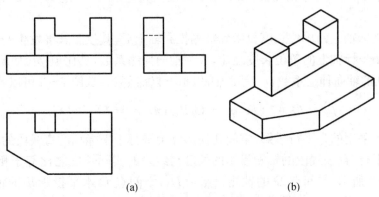

(a)   (b)

图 6-1 多面正投影图与轴测图的比较

6.1 轴测投影图的基本知识

6.1.1 轴测投影图的形成

空间物体放在一个直角坐标系中,如图 6-2 所示,将物体连同其参考的直角坐标系,沿不平行于任一投影面的投影方向,用平行投影法投射到某一投影面 P 上,所得到的富有立体感的图形称为轴测投影图,简称轴测图,该投影面称为轴测投影面。

轴测图按投射方向与轴测投影面 P 是否垂直,分为正轴测图(如图 6-2(a))和斜轴测图(如图 6-2(b))。

当投射方向与 P 面垂直,空间物体斜放,使三个坐标平面和轴测投影面都斜交,如图 6-2(a)所示,这种用正投影法得到的轴测投影图称为正轴测投影图,简称正轴测图。当投射方向与 P 面倾斜,为便于作图,通常取 P 面平行于坐标平面 XOZ,如图 6-2(b)所示,这种用斜投影法得到的轴测投影图称为斜轴测投影图,简称斜轴测图。

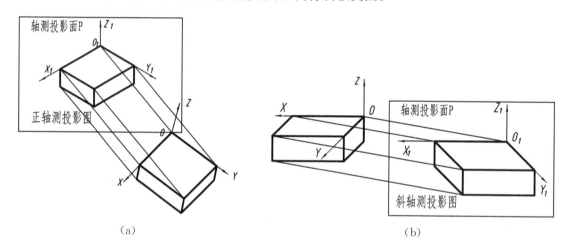

(a)	(b)

图 6-2 轴测投影图的形成

6.1.2 轴间角及轴向伸缩系数

如图 6-3 所示,直角坐标轴 OX、OY、OZ 在轴测投影面上的投影分别为 O_1X_1、O_1Y_1、O_1Z_1,称为轴测投影轴,简称轴测轴;轴测轴之间的夹角 $\angle X_1O_1Y_1$、$\angle X_1O_1Z_1$、$\angle Y_1O_1Z_1$ 称为轴间角。

空间直角坐标轴上的单位长度投影到轴测投影轴上后,其投影长度发生变化,轴测轴上的单位长度与直角坐标轴上的单位长度之比,成为轴向伸缩系数,其比值 p_1 为 X 轴的轴向伸缩系数,q_1 为 Y 轴的轴向伸缩系数,r_1 为 Z 轴的轴向伸缩系数。从图 6-3 可以看出:

$$p_1 = O_1A_1/OA, q_1 = O_1B_1/OB, r_1 = O_1C_1/OC。$$

由于轴测图采用的是平行投影,空间几何形体上平行于坐标轴的直线段的轴测投影,仍与相应的轴测轴平行,且该线段的轴测投影的长度与线段的实际长度之比等于相应的轴向伸缩系数。如图 6-3 所示,空间点 D 的轴测投影为 D_1,空间点 D 水平投影 d 的轴测投影为 d_1。由于 $dB // OX$ 轴,所以 $d_1B_1 // O_1X_1$ 轴且 $d_1B_1 = p_1 \cdot dB$;由于 $dA // OY$ 轴,所以 $d_1A_1 // O_1Y_1$

轴且 $d_1A_1 = q_1 \cdot dA$；由于 $Dd /\!/ OZ$ 轴，所以 $D_1d_1 /\!/ O_1Z_1$ 轴且 $D_1d_1 = r_1 \cdot Dd$。

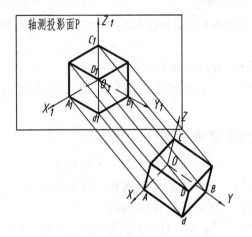

图 6-3 轴间角及轴向伸缩系数

6.1.3 轴测投影图的分类

根据投影方向和轴测投影面的相对关系，轴测投影图可分为正轴测投影图和斜轴测投影图两大类。又根据轴向伸缩系数的不同，各分为三种：

① 若三个轴向伸缩系数都相等，称为正(或斜)等轴测图；
② 若有两个轴向伸缩系数相等，称为正(或斜)二轴测图；
③ 若三个轴向伸缩系数都不相等，称为正(或斜)三轴测图。

工程中采用得较多的是正等轴测图和斜二轴测图，本章只介绍这两种轴测图的画法。

6.2 正等轴测图

空间物体斜放，如图 6-2(a)所示，使物体上的三个坐标轴与轴测投影面处于倾角都相同的位置，投影方向与轴测投影面垂直，像这样用正投影法所得到的轴测投影图称为正等轴测图，简称正等测图。

6.2.1 轴间角和各轴向的伸缩系数

如图 6-4 所示，正等轴测图的轴间角都是 $120°$，按几何关系推证，各轴向伸缩系数相等，即 $p_1 = q_1 = r_1 \approx 0.82$。为了作图简便，常采用简化系数，即 $p_1 = q_1 = r_1 = 1$。采用简化系数作图，沿轴向的所有尺寸都可以用实际长度来直接量取，此时作出的轴测图比空间物体略有放大。

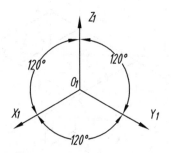

图 6-4 正等轴测图的轴间角

6.2.2 正等轴测图的画法

画正等轴测图的方法有坐标法、切割法和综合法三种，通常可按照以下步骤作出物体的正等轴测图：

① 对物体进行形体分析，确定坐标轴；

② 作出轴测轴，按照坐标关系或相互平行关系，画出物体上的点和线，从而连接成物体的正等轴测图。

6.2.3 平面立体的正等轴测图

【例 6-1】 求作图 6-5(a)所示长方体的正等轴测图。

分析 如图 6-5(a)所示，长方体的上顶面和下底面都是处于水平位置的矩形，于是确定如图 6-5(a)所示的坐标轴，采用坐标法作轴测图。

作图 ① 根据正等轴测图轴间角 120°画出轴测轴 O_1X_1、O_1Y_1、O_1Z_1；根据长方体的两视图，量取长方体顶面的坐标尺寸 x、y，确定 1、2、3、4 点，并连接得到上顶面的正等轴测图，如图 6-5(b)所示。

② 从 1、2、3、4 四点作 O_1Z_1 轴的平行线，并量取各线的长度使其等于 z 长，并依次作图，如图 6-5(c)所示。

③ 连接底面各点，擦去不可见的轮廓线，加深，即完成长方体的正等轴测图，如图 6-5(d)所示。

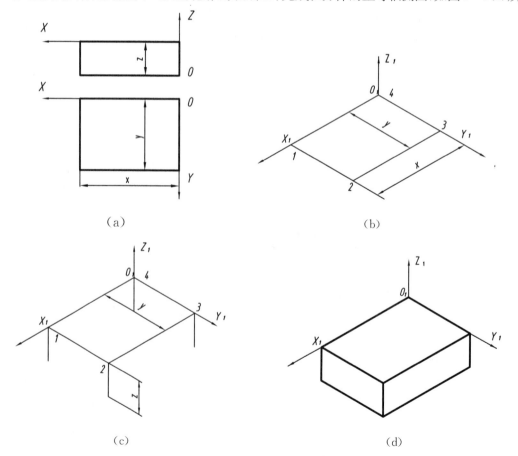

(a)　　　　　　　　　　　(b)

(c)　　　　　　　　　　　(d)

图 6-5　例 6-1 作图示意图

【例6-2】 求作图6-6所示切割体的正等轴测图。

分析 由如图6-6所示的三视图通过形体分析可知,切割体是先由长方体开梯形槽,再被一个正垂面切割而成。

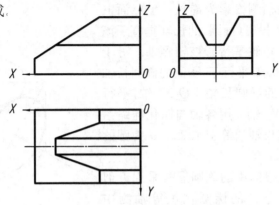

图6-6 切割体的三视图

作图 ① 根据正等轴测图轴间角120°画出轴测轴O_1X_1、O_1Y_1、O_1Z_1;根据切割体的三视图,在$Y_1O_1Z_1$上作出立体右端面的正等轴测图,如图6-7(a)所示。

② 从右端面的轴测图上各端点作O_1X_1轴的平行线,并根据切割体的三视图量取各线的长度为等长,作出切割前完整的V型块的正等轴测图,如图6-7(b)所示。

③ 根据三视图分别作出各棱线上的截断点,将以上各点连接起来,得出切割断面的形状,如图6-7(c)所示。

④ 擦去辅助图线和多余轮廓线,加深,即完成切割体的正等轴测图,如图6-7(d)所示。

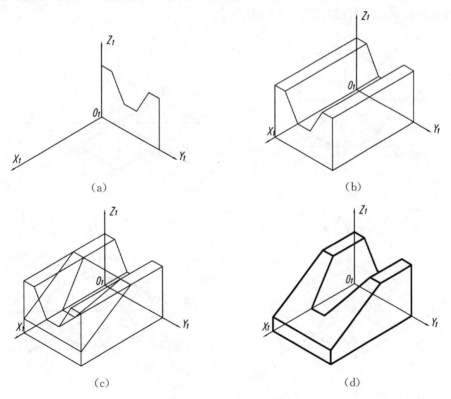

图6-7 例6-2作图示意图

6.2.4　平行于坐标平面的圆的正等轴测图

在一般情况下，圆的轴测投影为椭圆。坐标面上或其平行面上的圆的轴测投影（椭圆）的长轴垂直于该坐标面所垂直的轴测轴，短轴平行于该轴测轴。对于正等轴测图，如图 6-8 所示，平行于 H 面的椭圆长轴$\perp O_1Z_1$ 轴，平行于 W 面的椭圆长轴$\perp O_1X_1$ 轴，平行于 V 面的椭圆长轴$\perp O_1Y_1$ 轴。用各轴向简化伸缩系数画出的正等测椭圆，其长轴约等于 $1.22d$（d 为圆的直径），短轴约等于 $0.7d$。

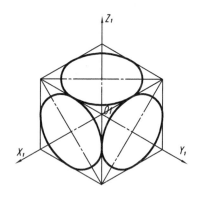

图 6-8　平行于坐标面的圆的正等轴测图

为了简化作图，轴测投影中的椭圆通常采用近似画法。图 6-9 是直径为 d 的椭圆在正等轴测中 $X_1O_1Y_1$ 面上的画法。

作图　① 通过圆心 O 在投影图上建立坐标轴和圆的外切正方形，切点为 k_1、k_2、k_3、k_4，如图 6-9(a) 所示。

② 作轴测轴和切点 k_1、k_2、k_3、k_4，使 $O_1k_1=O_1k_2=O_1k_3=O_1k_4=d/2$，并通过这些点作外切正方形的轴测菱形，并作出对角线 o_1o_2 和 mn，如图 6-9(b) 所示。

③ 分别连接 o_1k_1 和 o_1k_4，o_2k_2 和 o_2k_3，它们分别与长轴 mn 交于 o_3 和 o_4，如图 6-9(c) 所示。

④ 分别以 o_1 和 o_2 为圆心，以 o_1k_1 为半径作圆弧；以 o_3 和 o_4 为圆心，以 o_3k_1 为半径作圆弧；四段圆弧连接成近似椭圆，如图 6-9(d) 所示。

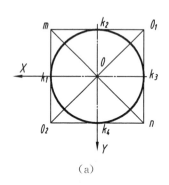

(a)

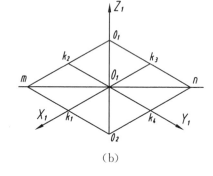

(b)

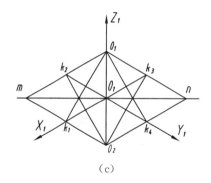

(c)

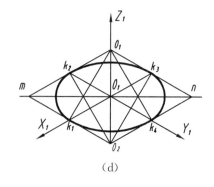

(d)

图 6-9　正等轴测椭圆的近似画法

掌握了圆的正等轴测图的画法后,就不难画出回转曲面立体的正等轴测图。图 6-10 为直立圆柱正等轴测图的画法,作图时,先分别作出其上下底面的椭圆,再作其公切线即可。

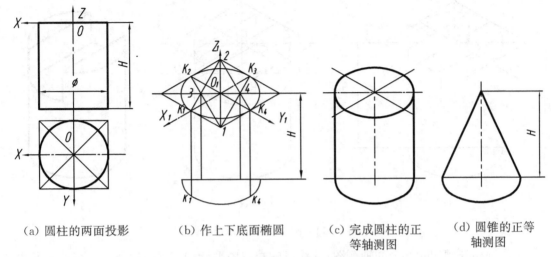

（a）圆柱的两面投影　　（b）作上下底面椭圆　　（c）完成圆柱的正　　（d）圆锥的正等
　　　　　　　　　　　　　　　　　　　　　　　　　　等轴测图　　　　　　轴测图

图 6-10　直立圆柱正等轴测图的画法

【**例 6-3**】　求作图 6-11(a)所示开槽圆柱的正等轴测图。

分析　所示为直立圆柱,先作出直立圆柱的正等轴测图,再用坐标法作出槽的缺口,用切割法作出整个槽的正等轴测。

作图　① 建立轴测轴;作上底圆的轴测图;将圆柱上底圆的轴测图下移 H,并只画出前半部分椭圆,如图 6-11(b)所示。

② 作圆柱开槽切除部分的轴测图:在上底面上,O_1X_1 轴的方向上,对称的取槽宽,并作两条平行于 O_1Y_1 轴的直线段,如图 6-11(c)所示。

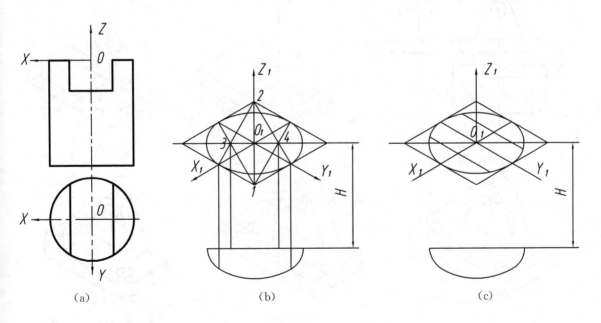

（a）　　　　　　　　　　（b）　　　　　　　　　　（c）

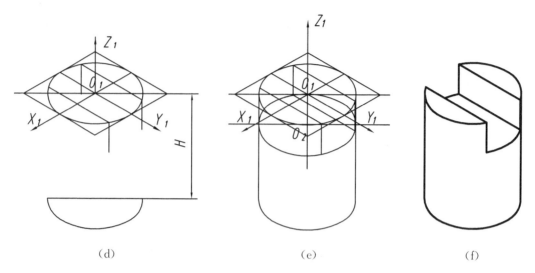

(d)　　　　　　　　　　(e)　　　　　　　　　　(f)

图 6-11　例 6-3 作图示意图

③ 作圆柱开槽切除部分的轴测图:从线段的端点做平行 O_1Z_1 轴的平行线,各线的长度等于槽的深度,如图 6-11(d)所示。

④ 沿 Z 轴取槽的深度,以 O_2 为圆心,作平行于顶面的椭圆,完成圆柱开槽切除部分的轴测图;在轴测图上作上、下底面椭圆的公切线,如图 6-11(e)所示。

⑤ 擦去辅助图线和多余轮廓线,加深,即完成开槽圆柱的正等轴测图,如图 6-11(f)所示。

【例 6-4】　求作图 6-12(a)所示组合体的正等轴测图。

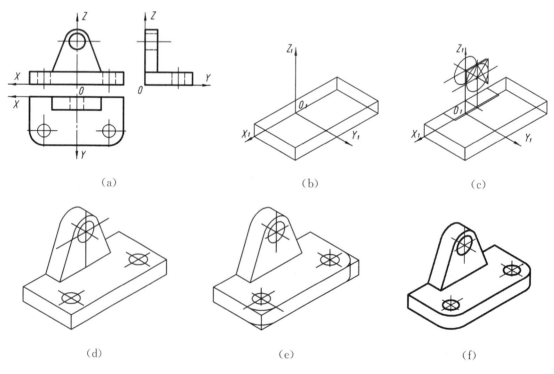

(a)　　　　　　　　　　(b)　　　　　　　　　　(c)

(d)　　　　　　　　　　(e)　　　　　　　　　　(f)

图 6-12　例 6-4 作图示意图

126

分析 图6-10所示组合体由底板和竖板两部分组成。先作出长方形底板的轴测图,再作出竖板和竖板上圆柱孔,作出底板上对称圆柱孔,最后完成底板前方对称的过渡圆角。

作图 ① 建立轴测轴;作出长方形底板的轴测图,如图6-12(b)所示。

② 向上确定竖板上的轴线;分别作出竖板上前后端面的圆的轴测图,如图6-12(c)所示。

③ 完成竖板和竖板上圆柱孔的轴测图;作出底板上对称圆柱孔的轴测图,如图6-12(d)所示。

④ 完成底板前方对称的过渡圆角的轴测图,如图6-12(e)所示。

⑤ 擦去辅助图线和多余轮廓线,加深,即完成组合体的正等轴测图,如图6-12(f)所示。

6.3 斜二轴测投影图

将物体放正,如图6-2(b)所示,使 XOZ 坐标平面平行于轴测投影面,且 OZ 坐标轴仍为铅垂方向,OX 坐标轴仍为水平方向,因而使 XOZ 坐标平面和其平行平面上的图形在轴测投影面上的投影反映实形,这样得到的轴测投影图称为斜二轴测图,简称斜二测图。

6.3.1 轴间角和各轴向的伸缩系数

如图6-2(b)所示,斜二轴测图通常取 P 面平行于坐标平面 XOZ,因此坐标平面 XOZ 或其平行平面上的任何图形在 P 面上的投影都反映实形,称为正面斜轴测投影图。正面斜二等轴测投影图,轴间角 $\angle X_1O_1Z_1=90°$,$\angle X_1O_1Y_1=\angle Y_1O_1Z_1=135°$,如图6-13所示,轴向伸缩系数 $p_1=r_1=1$,$q_1=0.5$。

作平面立体的斜二轴测图时,只要采用上述轴间角和轴向的伸缩系数,其作图步骤和正等轴测图完全相同,长方体的斜二轴测图中各轴向伸缩系数如图6-14所示。

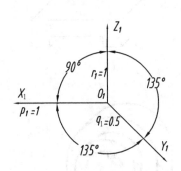

图6-13 斜二轴测图的轴间角

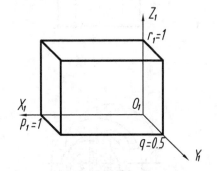

图6-14 长方体的斜二轴测图

6.3.2 曲面立体的斜二轴测图画法

在斜二轴测图中,由于坐标平面 XOZ 或其平行平面的轴测投影反映实形,因此坐标平面 XOZ 或其平行平面上的圆的轴测投影仍为圆,其与实际圆完全相同,所以当物体的正面形状比较复杂,具有较多的圆或圆弧连接时,采用斜二轴测图作图比较方便。在 XOY 和 YOZ 面或其平行平面上的圆的斜二轴测投影为椭圆,可以采用描点法画出,其作图方法比较复杂。因此,当物体具有在 XOY 和 YOZ 面或其平行平面上的圆时,应尽量避免选用斜二轴测图。

【例6-5】 求作图6-15(a)所示轴座的斜二轴测图。

分析　轴座的正面有三个不同直径的圆或圆弧,在斜二轴测投影中都反映实形。

作图　① 先作出轴座下部平面立体部分的斜二测;在竖板的前表面上确定圆心 O 的位置,画出竖板上半圆及凸台的外圆;过 O 点作 Y 轴,取 $OO_1 = 0.5h_2$,O_1 即为竖板背面的圆心;再自 O 点向前取 $OO_2 = 0.5h_1$,O_2 即为凸台前表面的圆心,如图 6-15(b)所示。

② 以 O_2 为圆心作凸台前表面的外圆及圆孔,作 Y 轴方向的共切线,完成凸台的斜二测;以 O_1 为圆心,作竖板后表面的半圆及圆孔,作两个半圆的共切线,完成竖板的斜二测,如图6-15(c)所示。

③ 擦去辅助图线和多余轮廓线,加深,即完成的轴座正等轴测图,如图 6-15(d)所示。

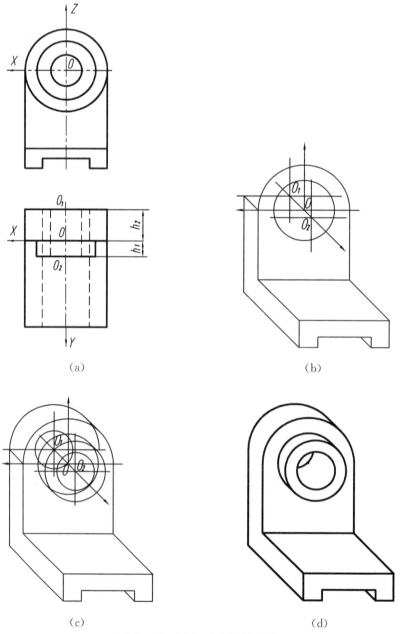

（a）　　　　　　　　　　　（b）

（c）　　　　　　　　　　　（d）

图 6-15　例 6-5 作图示意图

第二部分　实践性习题

　　工程制图是一门实践性很强的课程，需要学生进行大量的练习，以巩固和掌握所学的理论知识，因此，特编写实践性习题部分。

　　本部分的编排顺序与"第一部分　理论知识"的顺序保持一致，相互配合，使教与学相统一，学与练相促进。

第1章　制图的基本知识习题（一）

基本概念填空：

（1）图纸的基本幅面有_____共五种。

（2）图框线用_____线绘制，表示图幅大小的纸边界
　　　用_____线绘制。

（3）标题栏的位置应位于图纸的_____，这时看图方向与
　　　标题栏方向_____。

（4）比值为1的比例称为_____，即_____；
　　　比值大于1的比例称为_____，如_____；
　　　比值小于1的比例称为_____，如_____。

（5）图样中所标注的尺寸，为物体的_____尺寸，
　　　与绘图的比例_____，与画图的精确度也_____。

（6）字体的号数，即为字体的_____，其字的宽约
　　　为字高的_____倍。

（7）细点划线和双点划线的首末两端应是_____，
　　　而不是_____，并且应伸出物体轮廓约_____毫米。

（8）绘制圆的对称中心线时，圆心应为_____的交点。

（9）图形是圆或大于一半的圆弧应标注_____尺寸；
　　　小于一半的圆弧应标注_____尺寸。

（10）在机械图样中，表示物体可见轮廓线采用_____线型；
　　　表示物体不可见轮廓线采用_____线型。

班级		姓名		审阅		成绩		T-1

第1章 制图的基本知识习题（二）

字体练习：

机 械 制 图 姓 名 审 核 比 例 学 校

专 业 班 级 材 料 件 数 备 注 序 号

技 术 要 求 螺 栓 销 轴

其 余 局 部 旋 转 盖 盘

| T-2 | 班级 | 姓名 | 审阅 | 成绩 |

第1章　制图的基本知识习题（三）

字体练习：

大学制图学院专业班级姓名

序号其余旋转向审核张比例

技术要求备注材料数量件代

号描图轴键螺母套盘栓垫圈

| 班级 | 姓名 | 审阅 | 成绩 | T-3 |

第1章 制图的基本知识习题（四）

字体练习：

A B C D E F G H I J K L M N O P Q R S

1234567890

1234567890123456789 0ØRMφ

1234567890

1234567890123456789 0ØRMφ

T-4	班级		姓名		审阅	成绩

第1章　制图的基本知识习题（五）

线型练习，将所给的图形抄画在右边（尺寸直接从图上量取）。

班级		姓名		审阅	成绩	T-5

现代工程制图基础(上册)

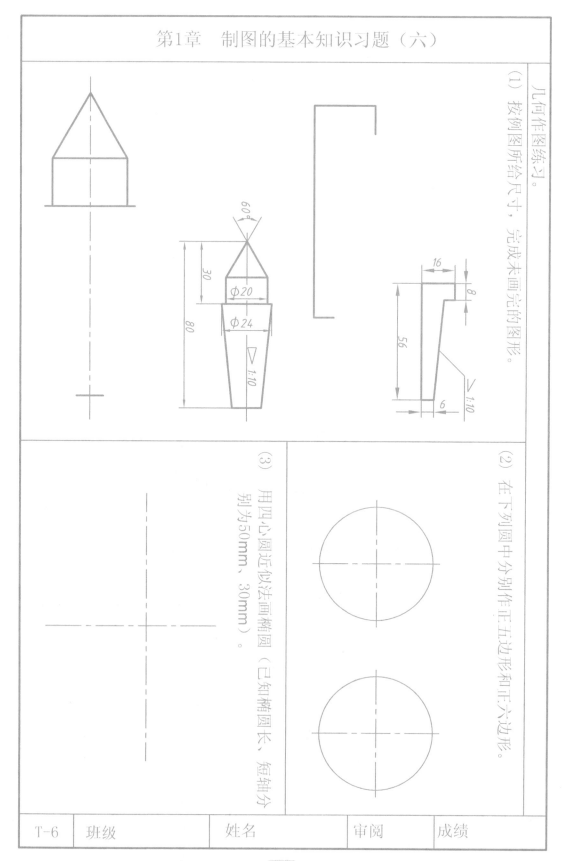

第1章 制图的基本知识习题(六)

(1) 按例图所给尺寸,完成未画完的图形。

几何作图练习。

(2) 在下列圆中分别作正五边形和正六边形。

(3) 用四心圆近似法画椭圆(已知椭圆长、短轴分别为50mm、30mm)。

T-6 班级 姓名 审阅 成绩

136

第1章　制图的基本知识习题（七）

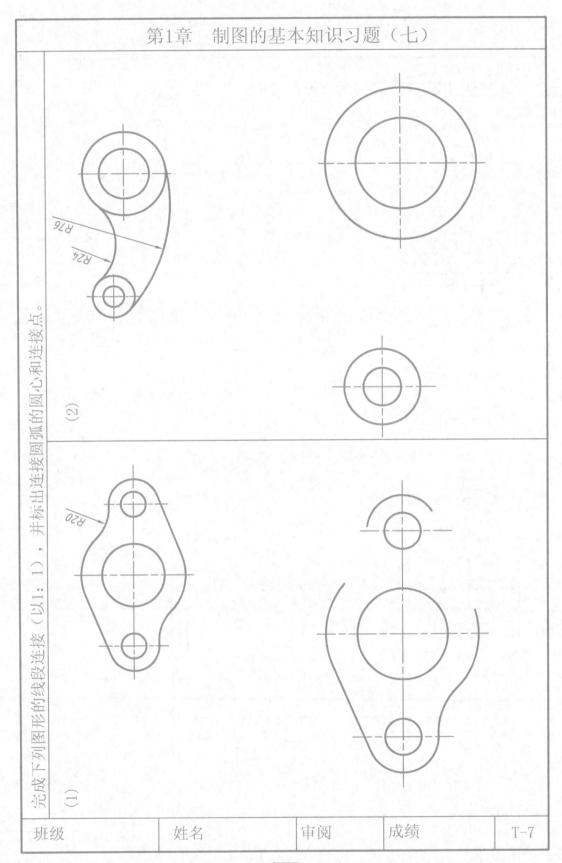

完成下列图形的线段连接（以1：1），并标出连接圆弧的圆心和连接点。

（1）

（2）

R24

R76

R20

班级		姓名		审阅		成绩		T-7

第1章　制图的基本知识习题（八）

平面图形的画法
（1）按1:2的比例，抄画所给图形，并标注尺寸。

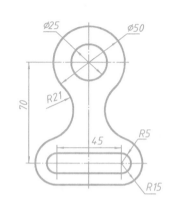

（2）按1:2的比例，抄画所给图形，并标注尺寸。

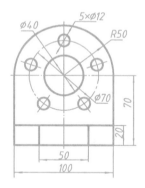

| T-8 | 班级 | 姓名 | 审阅 | 成绩 |

第1章 制图的基本知识习题（九）

将下面的图形用1:1比例抄绘在右边。

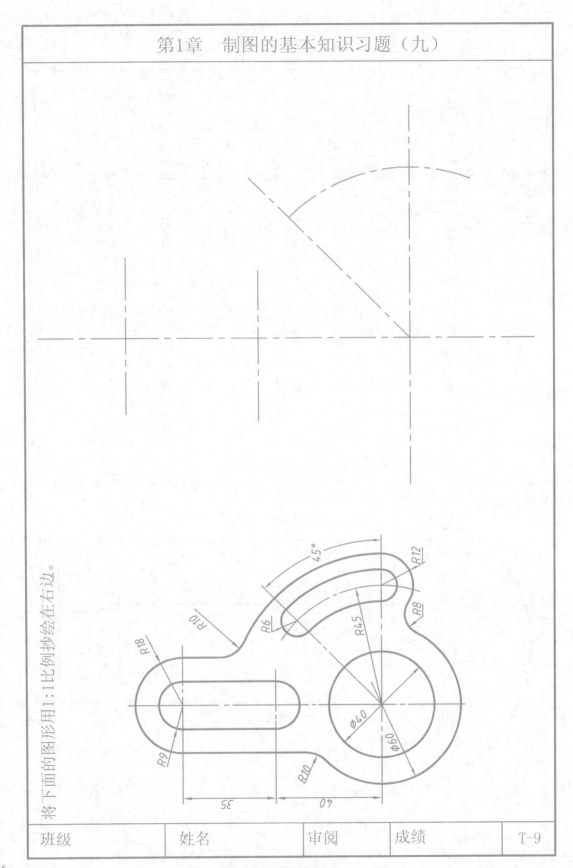

班级	姓名	审阅	成绩	T-9

第1章　制图的基本知识大作业

抄画给定的图形，图幅为A4，比例采用1：1。

一、作图目的及要求

目的：

1. 熟悉国家标准中的图纸幅面、比例、字体、图线及尺寸注法。
2. 掌握圆弧连接及平面图形的作图方法。
3. 掌握绘图仪器及工具的正确使用方法，培养绘图技能。

要求：

1. 作图正确，线型粗细分明，虚线，点划线长短基本一致。
2. 圆弧连接光滑，作图步骤正确。
3. 图面整洁。

二、作图内容

将右图按1：1比例，合理分布在一张A4幅面的图纸上，并根据图上给出的尺寸画图。

三、作图步骤

1. 将图纸平放在图板上，并用透明胶带粘附固定。
2. 在图纸上画出标准图幅、图框线、标题栏。
3. 根据图形的大小，将图形合理布置在图纸上。
4. 先画出主要点划线，确定图形的位置。
5. 用细线画完成稿。
6. 仔细检查并加深描粗。
   标注尺寸数字，其写标题栏，注意字体及其高度要符合要求。

四、注意事项

1. 做好画图前的准备工作。
2. 随时保持图面整洁。
3. 整个作图过程应用铅笔完成。

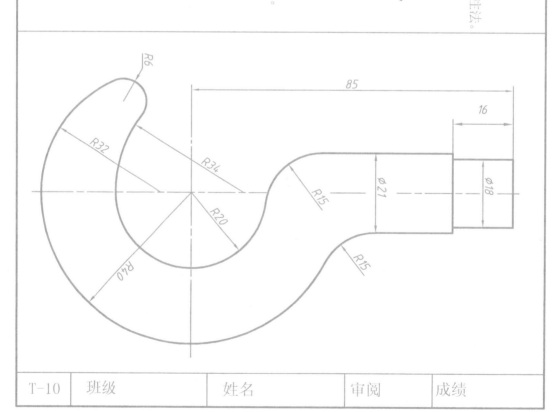

| T-10 | 班级 | 姓名 | 审阅 | 成绩 |

第2章 投影基础习题（一）

基本概念填空。

（1）利用_____在投影面上产生物体投影
的方法称为_____。

（2）在投影过程中，必须具备_____、_____、
_____三个要素，才能产生投影。

（3）投影法分为_____和_____。
其中_____又分为正投影法和斜投影法。
工程上普遍使用的是_____投影法。
若无特别说明，投影指的都是_____投影。

（4）直线平行于投影面时，在该投影面上的投
影反映直线的_____。
平面平行于投影面时，在该投影面上的投
影反映平面的_____。
这种性质称为_____性。

（5）直线垂直于投影面时，在该投影面上的投
影积聚为_____。
平面垂直于投影面时，在该投影面上的投
影积聚为_____。
这种性质称为_____性。

（6）直线倾斜于投影面时，在该投影面上的投
影为_____。平面倾斜于投影面时，
在该投影面上的投影为_____。
这种性质称为_____性。

（7）物体的一个投影图_____物体的形状。
物体的三个投影图_____物体的形状。

班级	姓名	审阅	成绩	T-11

第2章　投影基础习题（二）

基本概念填空。

（1）三面投影体系由_____、_____
　　　和_____组成。其中"V"代表_____投影
　　　面，"H"代表_____面，"W"代表_____投影面。

（2）在绘制物体的投影时，往往用视线作为投射线，
　　　因此投影图又称为_____。物体的投影图与视
　　　图在本质上是_____。其中正投影图又称为_____视
　　　图，水平投影图又称为_____视图，侧投影图又
　　　称为_____视图。
　　　体的三面投影图又称为_____视图。

（3）主视图——由物体的_____向_____投影所得到的视图。
　　　俯视图——由物体的_____向_____投影所得到的视图。
　　　左视图——由物体的_____向_____投影所得到的视图。
　　　在视图中，可见的轮廓线用_____线型表示，
　　　不可见的轮廓线用_____线型表示。

（4）在同一张图上，主视图、俯视图、左视图对应的
　　　物体是_____个，因此，三视图之间必然存在内在
　　　联系。
　　　其中：主、俯视图_____对正，
　　　　　　主、左视图_____平齐，
　　　　　　俯、左视图_____相等。
　　　不仅整个物体要符合这个三等关系，物体的每一
　　　局部投影，也必须_____。

（5）主视图反映物体的_____方位和_____方位。
　　　俯视图反映物体的_____方位和_____方位。
　　　左视图反映物体的_____方位和_____方位。

T-12	班级		姓名		审阅	成绩

第2章　投影基础习题（三）

判断下列三视图的画法是否正确，并指出错在哪。

（注意三视图之间的三等关系是否满足）

（1）

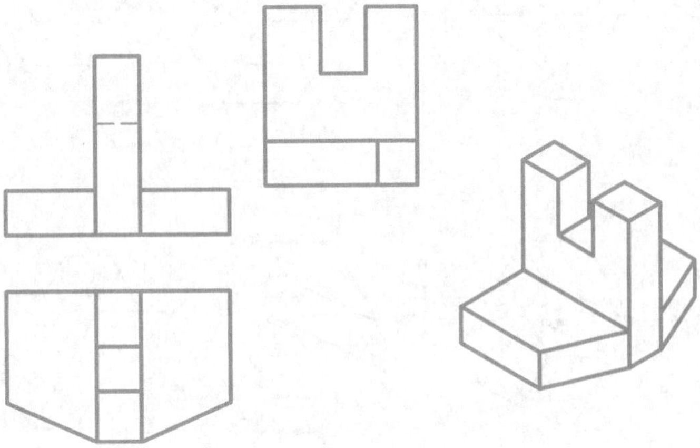

答：＿＿＿＿＿＿＿

＿＿＿＿＿＿＿

（2）

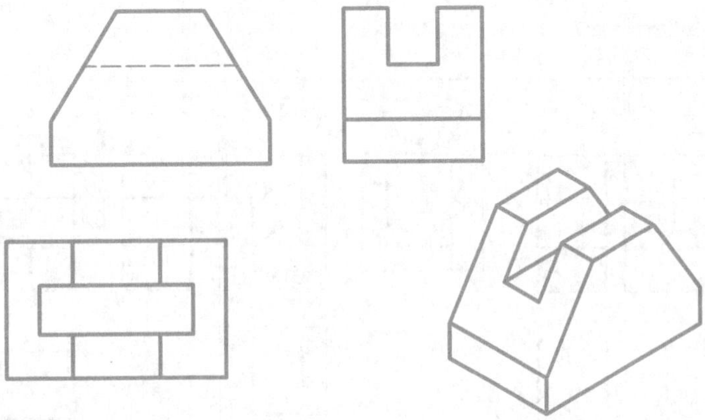

答：

＿＿＿＿＿＿＿

（3）

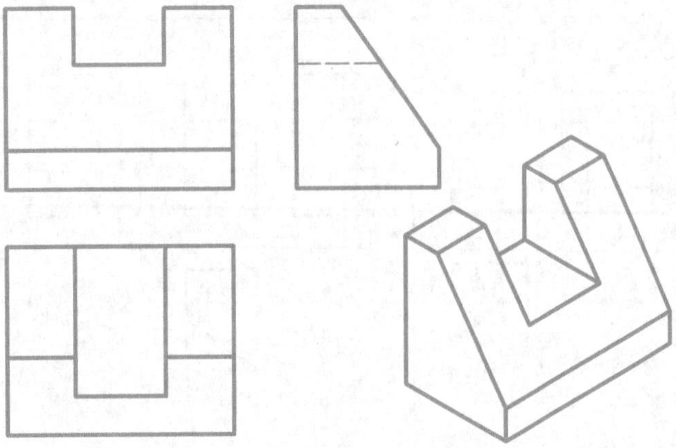

答：＿＿＿＿＿＿＿

＿＿＿＿＿＿＿

班级	姓名	审阅	成绩	T-13

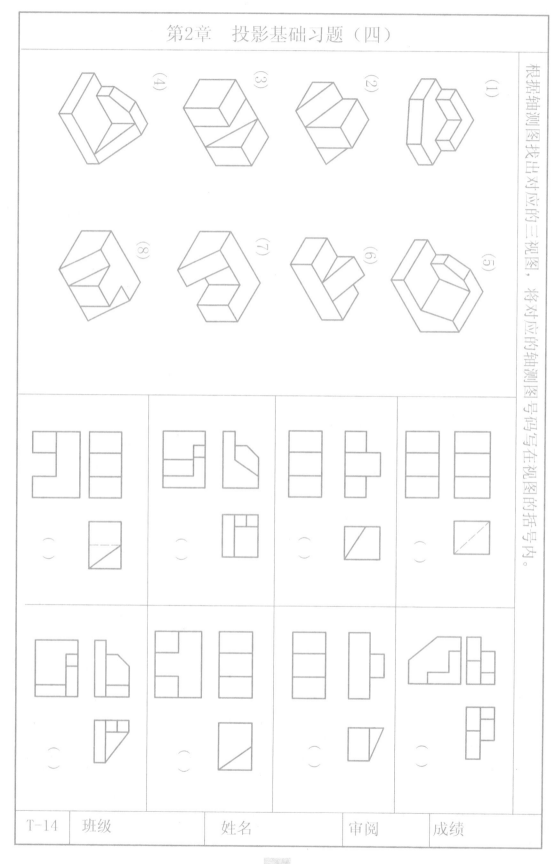

第2章　投影基础习题(四)

根据轴测图找出对应的三视图，将对应的轴测图号码写在视图的括号内。

| T-14 | 班级 | | 姓名 | | 审阅 | 成绩 |

第2章 投影基础习题（五）

根据三视图，找相应的轴测图，并将三视图的编号填写在轴测图旁的括号中。

（1）

（2）

（3）

（4）

| 班级 | | 姓名 | | 审阅 | 成绩 | | T-15 |

第2章 投影基础习题（六）

根据轴测图，按1:1画出立体的三视图。

（1）

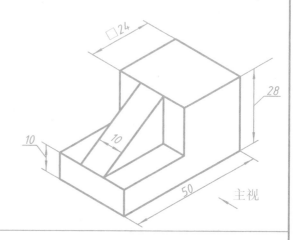

（2）

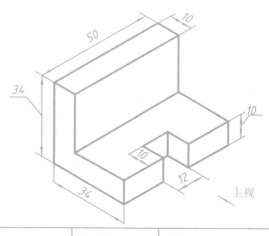

T-16	班级		姓名		审阅		成绩	

第2章　投影基础习题（七）

根据轴测图，按1:1画出立体的三视图。

（1）

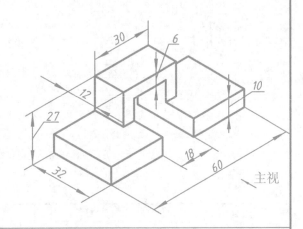

（2）

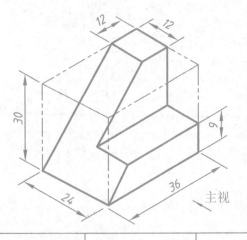

班级		姓名		审阅		成绩		T-17

第2章 投影基础习题（八）

根据立体的轴测图，徒手画出其三视图。

（1）

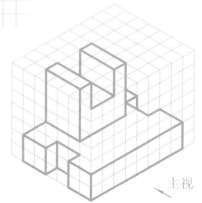

主视

（2）

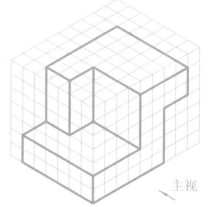

主视

| T-18 | 班级 | 姓名 | 审阅 | 成绩 |

第2章 投影基础习题（九）

根据立体的轴测图，徒手画出其三视图。

（1）

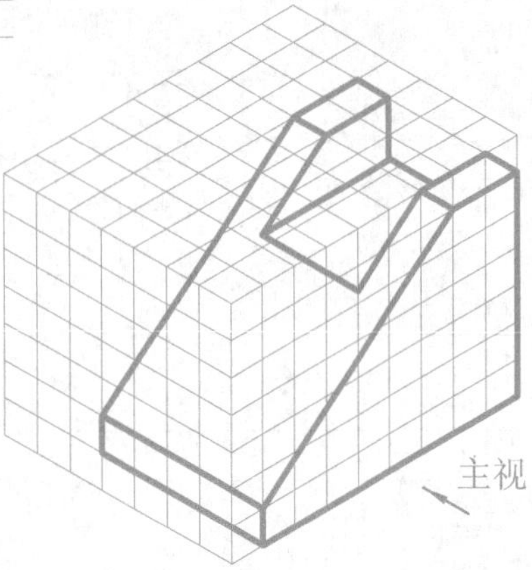

主视

（2）

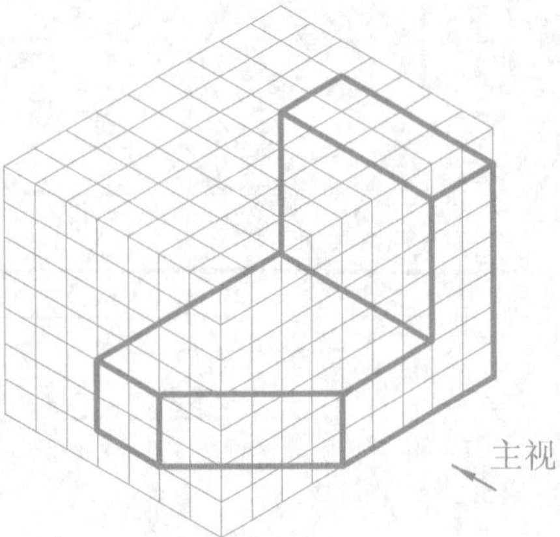

主视

| 班级 | 姓名 | 审阅 | 成绩 | T-19 |

第2章　投影基础大作业

根据轴测图画三视图，图幅为A4，比例采用2∶1。

一、作图目的

1. 熟悉三视图的形成及相互之间的关系；
2. 掌握出轴测图画三视图的方法。

二、作图内容

1. 根据教师指定的题号，画物体的三视图。

三、注意点

1. 三视图之间应符合"长对正、高平齐、宽相等"的投影关系；
2. 不可见轮廓线应该用虚线画出，不可漏画；
3. 在视图中应标注尺寸。

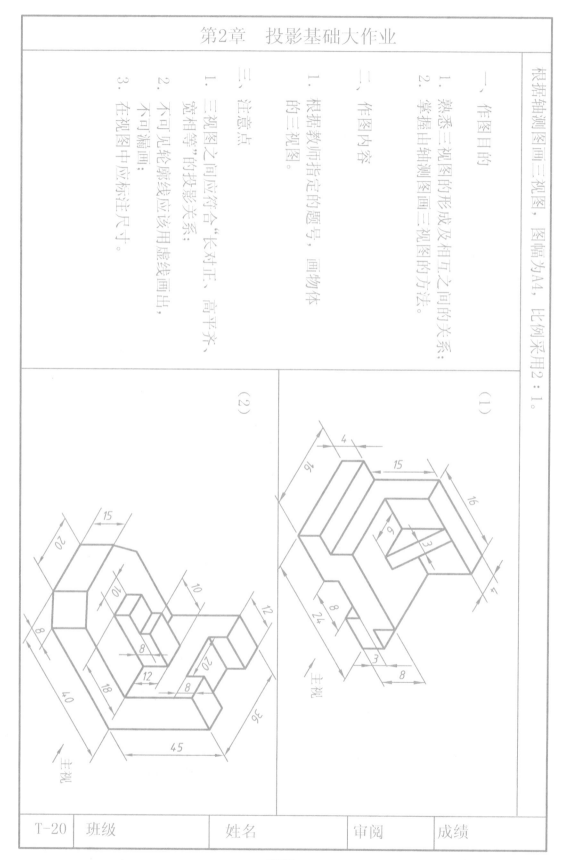

T-20	班级		姓名		审阅		成绩	

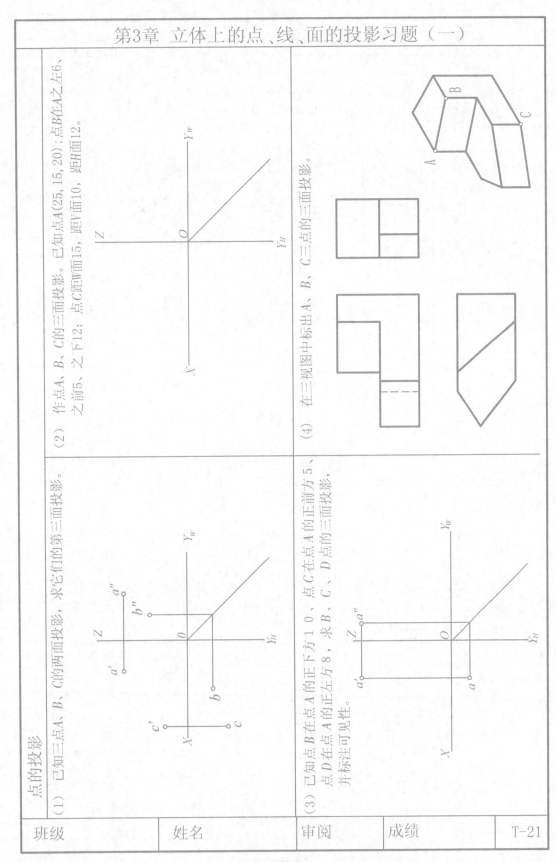

第3章 立体上的点、线、面的投影习题（二）

直线的投影。

（1）已知直线的两面投影，补画第三面投影。

（2）已知水平线 EF 距 H 面 20，求作它的其余两面投影。

（3）已知 CD 垂直于 W 面，求作它的其余两面投影。

（4）求作直线 AB 的第三面投影及线上点 C 的其余两面投影。

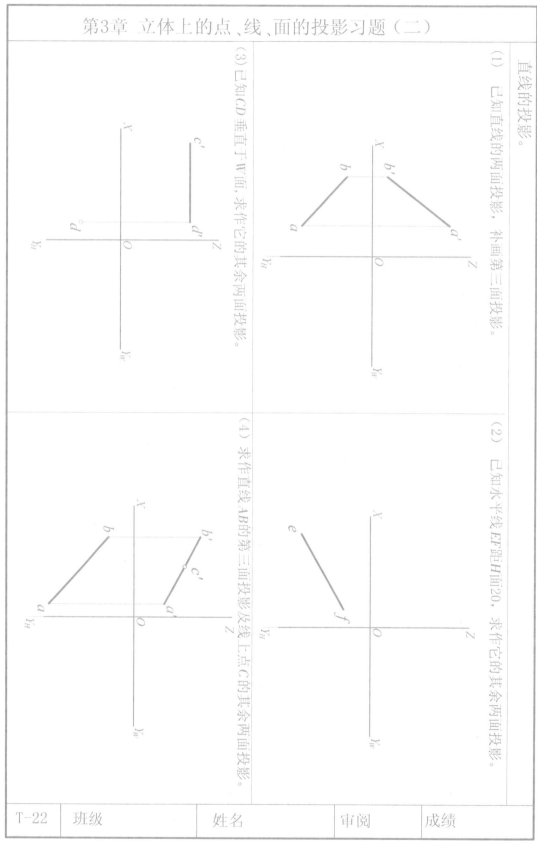

| T-22 | 班级 | 姓名 | 审阅 | 成绩 |

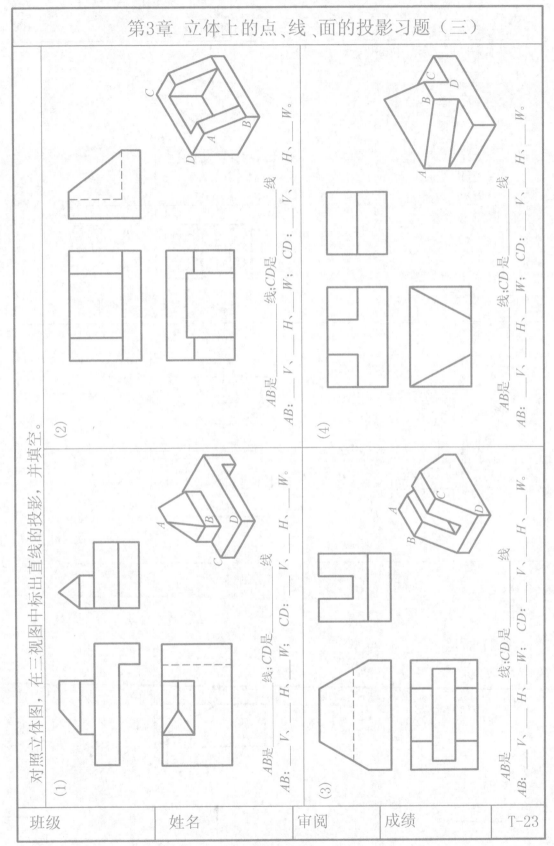

第3章　立体上的点、线、面的投影习题（三）

对照立体图，在三视图中标出直线的投影，并填空。

(1)
AB是：＿V、＿H、＿W；CD：＿V、＿H、＿W线；CD是＿线。

(2)
AB是：＿V、＿H、＿W；CD：＿V、＿H、＿W线；CD是＿线。

(3)
AB是：＿V、＿H、＿W；CD：＿V、＿H、＿W线；CD是＿线。

(4)
AB是：＿V、＿H、＿W；CD：＿V、＿H、＿W线；CD是＿线。

| 班级 | | 姓名 | | 审阅 | | 成绩 | | T-23 |

第3章 立体上的点、线、面的投影习题（四）

补画平面的第三面投影，并填空。

（1）

该平面是_____面，

　与 V 面_____，

　与 H 面_____，

　与 W 面_____。

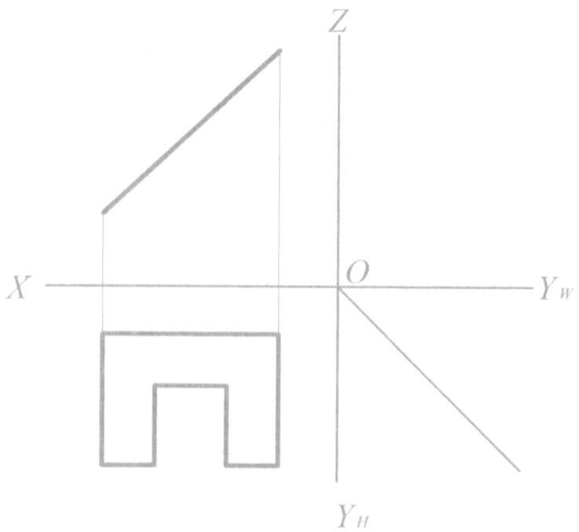

（2）

该平面是_____面，

　与 V 面_____，

　与 H 面_____，

　与 W 面_____。

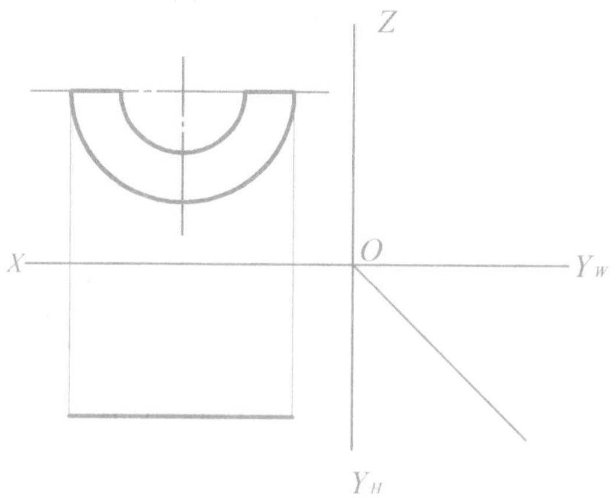

（3）

该平面是_____面，

　与 V 面_____，

　与 H 面_____，

　与 W 面_____。

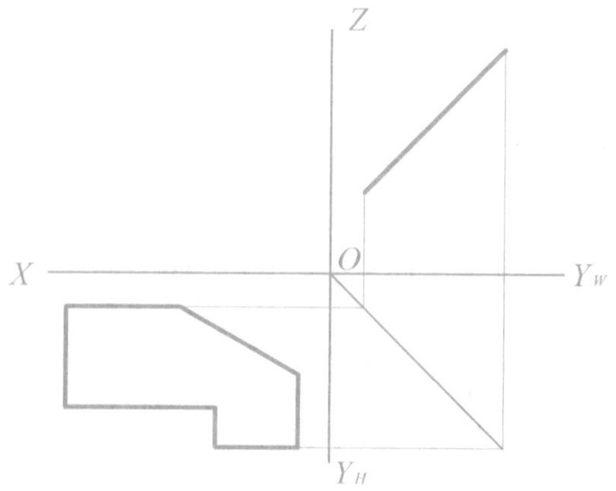

| T-24 | 班级 | 姓名 | 审阅 | 成绩 |

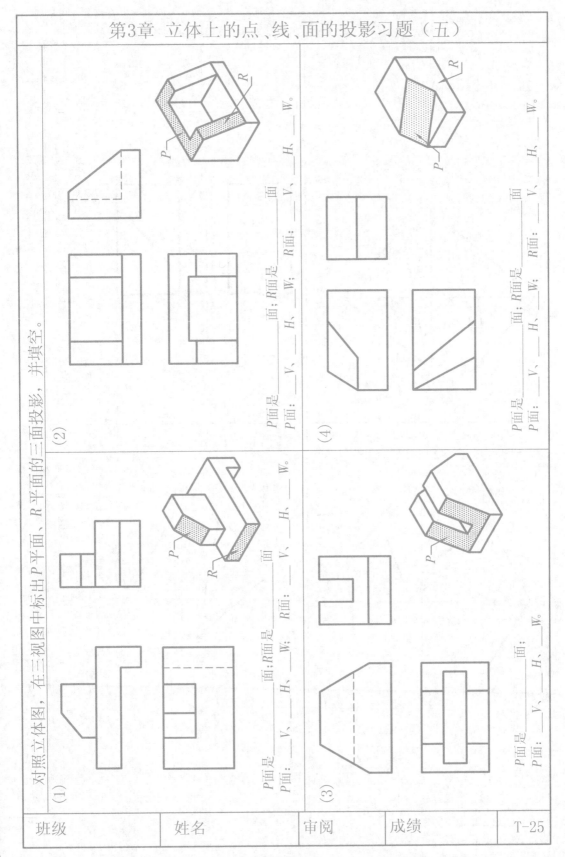

第3章　立体上的点、线、面的投影习题（五）

对照立体图，在三视图中标出P平面，R平面的三面投影，并填空。

(1)
P面是_____面；R面是_____面。
P面：_____V、_____H、_____W；R面：_____V、_____H、_____W。

(2)
P面是_____面；R面是_____面。
P面：_____V、_____H、_____W；R面：_____V、_____H、_____W。

(3)
P面是_____面。
P面：_____V、_____H、_____W。

(4)
P面是_____面；R面是_____面。
P面：_____V、_____H、_____W；R面：_____V、_____H、_____W。

| 班级 | 姓名 | 审阅 | 成绩 | T-25 |

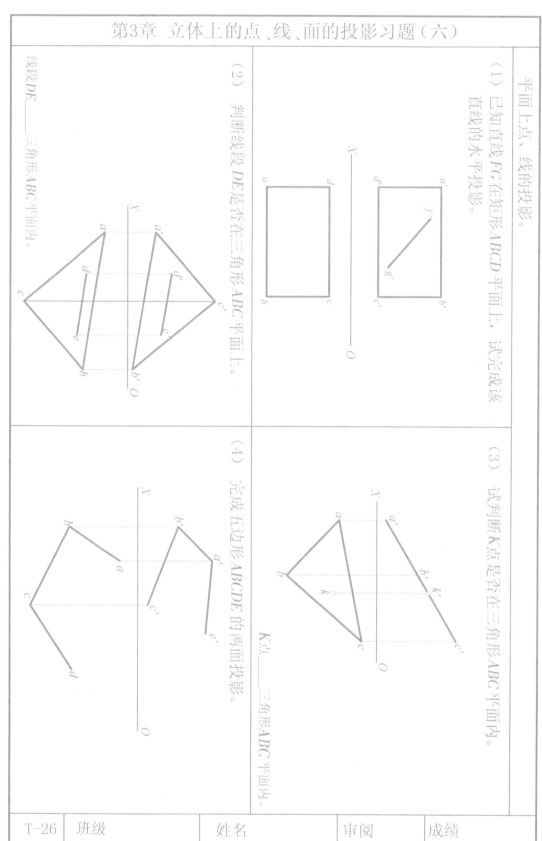

第3章 立体上的点、线、面的投影习题（七）

立体表面上点的投影。
参照立体图，求P面上A点、R面上B点的其余两面投影。
（要求保留作图线）

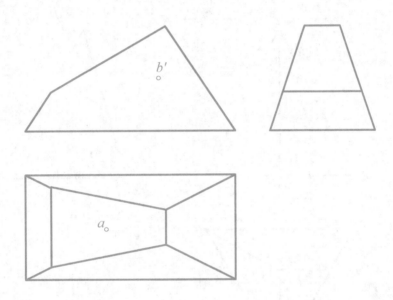

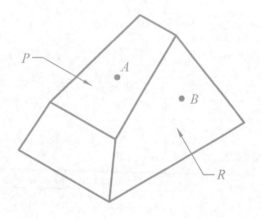

班级	姓名	审阅	成绩	T-27

第3章 立体上的点、线、面的投影习题（八）

立体表面上点的投影。

参照立体图，求 △ABC面上 E点、 △ABD面上 F点的其余两面投影。

（要求保留作图线）

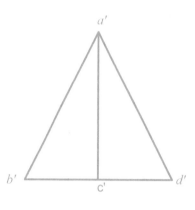

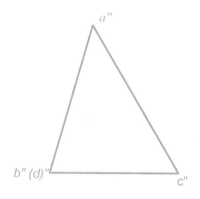

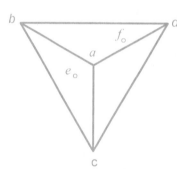

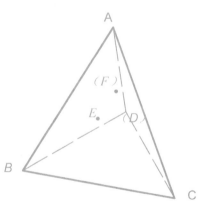

| T-28 | 班级 | | 姓名 | | 审阅 | | 成绩 | |

第4章 立体的投影习题（一）

对照轴测图，完成立体的第三视图。

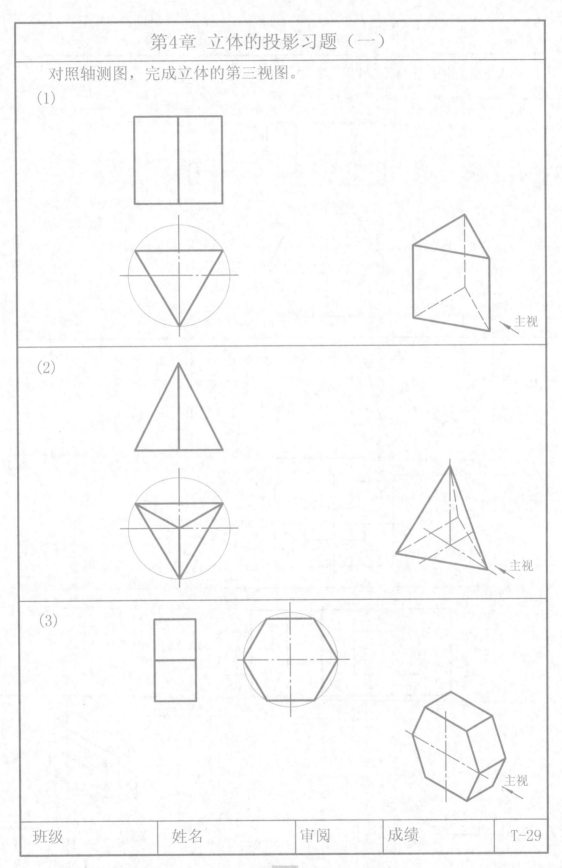

(1)

(2)

(3)

主视

班级	姓名	审阅	成绩	T-29

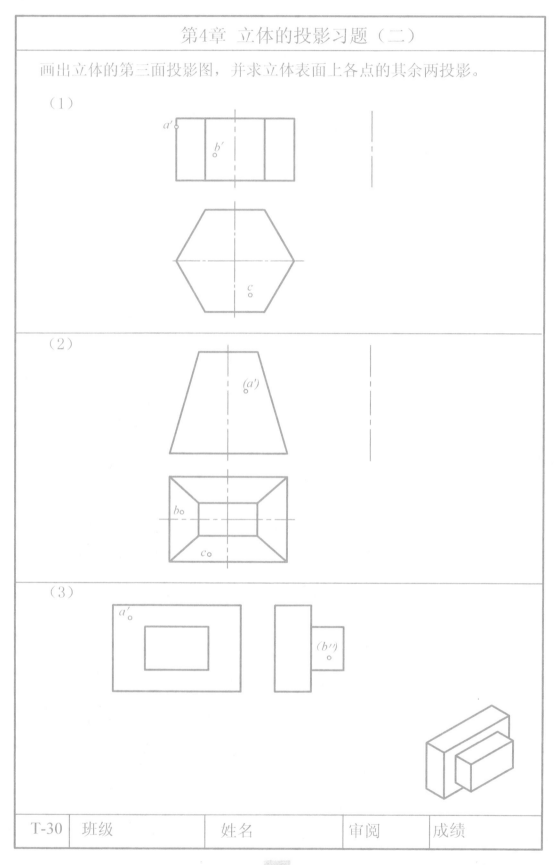

第4章 立体的投影习题（二）

画出立体的第三面投影图，并求立体表面上各点的其余两投影。

（1）

（2）

（3）

第4章 立体的投影习题（三）

曲面立体的投影。

1. 已知圆柱的底圆直径为20，高为20，分别画出轴线垂直于H面、垂直于V面、垂直于W面的圆柱三面投影。

(1) 轴线垂直于H面：

(2) 轴线垂直于V面：

(3) 轴线垂直于W面：

2. 已知圆锥的底圆直径为20，高为20，轴线垂直于正面，画出它的三视图。有几解？任作一解。

3. 已知一空心圆柱，外圆直径为20，内孔直径为10，高度为20，轴线垂直于水平面，画出其三面投影。

4. 已知四分之一圆球的水平投影，画出它的正面及侧面投影。有几个解？任作一解。

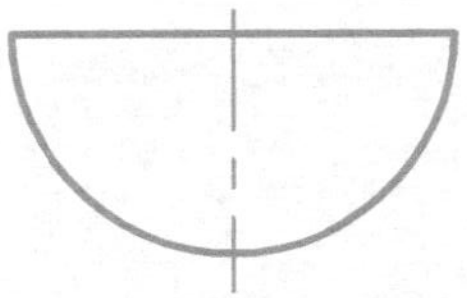

| 班级 | | 姓名 | | 审阅 | | 成绩 | | T-31 |

第4章 立体的投影习题（四）

根据曲面立体的三面投影，填空并画出表面上各点的其余两投影。
（要求：标出相应的字母，保留作图线）

(1)

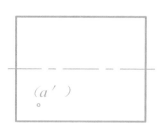
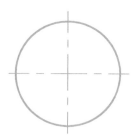

该立体是＿＿＿＿＿＿＿体。
其摆放位置为＿＿＿＿＿＿放置。

(2)

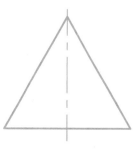
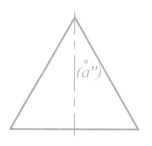

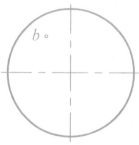

该立体是＿＿＿＿＿＿＿体。
其摆放位置为＿＿＿＿＿放置。

T-32	班级		姓名		审阅		成绩	

第4章 立体的投影习题（五）

根据曲面立体的三面投影，填空并画出表面上各点的其余两投影。
（要求：标出相应的字母，保留作图线）

（1）

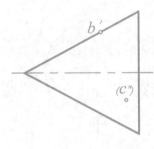

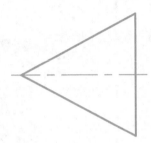

该立体是＿＿＿＿＿＿＿体。
其摆放位置为＿＿＿＿＿＿放置。

（2）

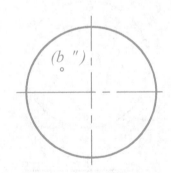
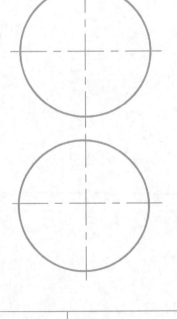

该立体是＿＿＿＿＿＿体。

班级	姓名	审阅	成绩	T-33

第4章 立体的投影习题（六）

补画曲面立体的第三面投影,并求出表面上各点的其余两投影。
（要求：标出相应的字母，保留作图线）

(1)

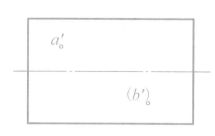
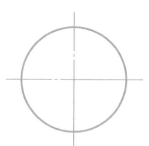

(2)

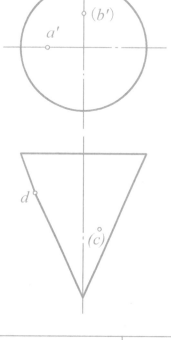

T-34	班级		姓名		审阅	成绩

第4章 立体的投影习题（七）

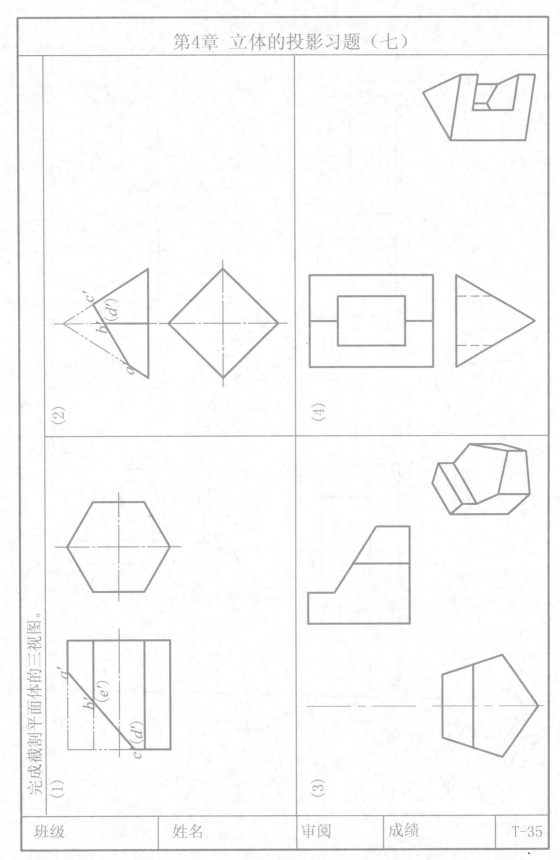

完成截割平面体的三视图。

(1)

(2)

(3)

(4)

| 班级 | 姓名 | 审阅 | 成绩 | T-35 |

现代工程制图基础(上册)

第4章 立体的投影习题（八）

完成截割平面体的三视图。

T-36　班级　　　姓名　　　审阅　　　成绩

166

第4章　立体的投影习题（九）

完成截割曲面体的三视图。

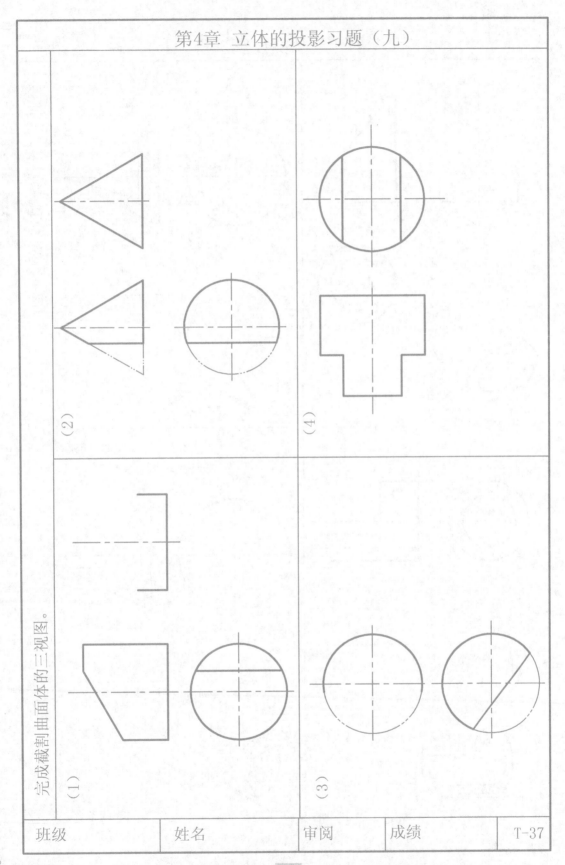

（1）

（2）

（3）

（4）

班级	姓名	审阅	成绩	T-37

现代工程制图基础(上册)

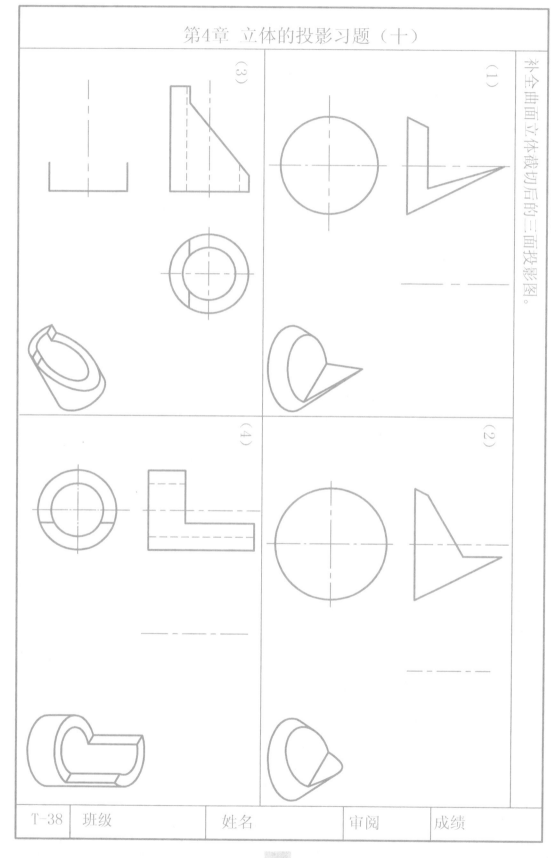

第4章 立体的投影习题（十）

补全曲面立体截切后的三面投影图。

（1）

（2）

（3）

（4）

T-38	班级		姓名		审阅	成绩

第4章 立体的投影习题（十一）

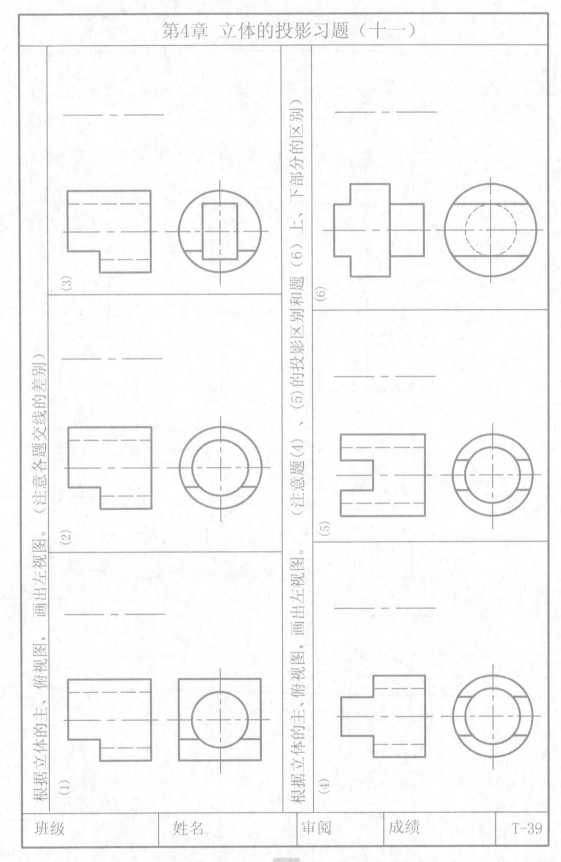

根据立体的主、俯视图，画出左视图。（注意各题交线的差别）

(1)　(2)　(3)

根据立体的主、俯视图，画出左视图。（注意题(4)、(5)的投影区别和题(6)上、下部分的区别）

(4)　(5)　(6)

班级	姓名	审阅	成绩	T-39

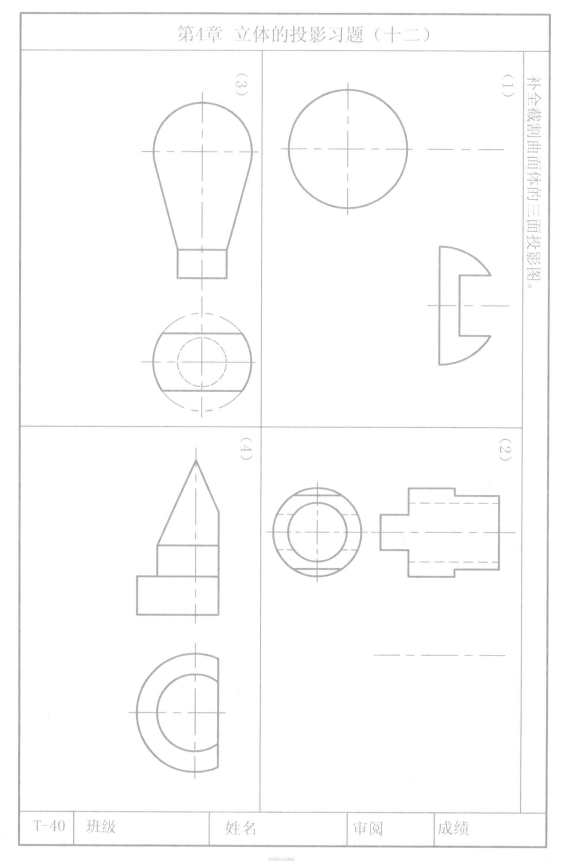

第4章 立体的投影习题(十二)

补全截割曲面体的三面投影图。

(1)

(2)

(3)

(4)

T-40	班级		姓名		审阅		成绩

第4章 立体的投影习题（十三）

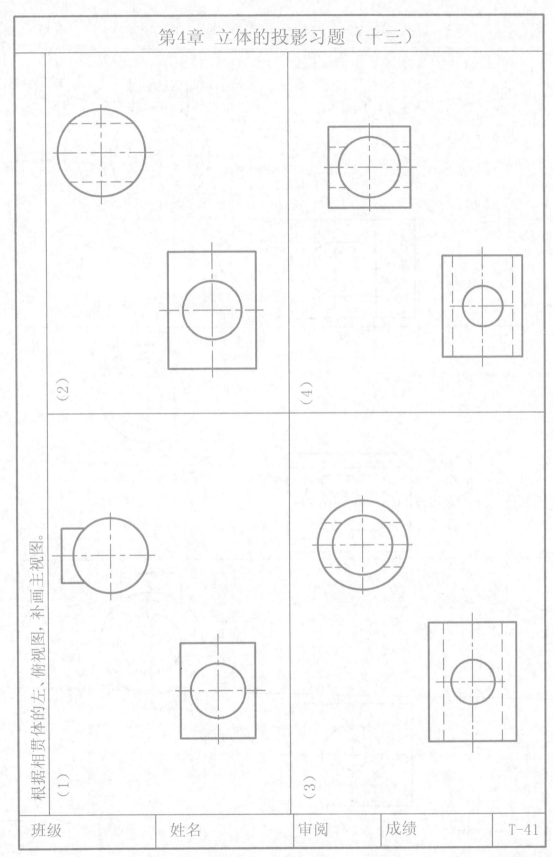

根据相贯体的左、俯视图，补画主视图。

（1）　（2）　（3）　（4）

| 班级 | 姓名 | 审阅 | 成绩 | T-41 |

第4章 立体的投影习题（十四）

根据相贯体的水平投影和侧面投影，补画正面投影。

（1）

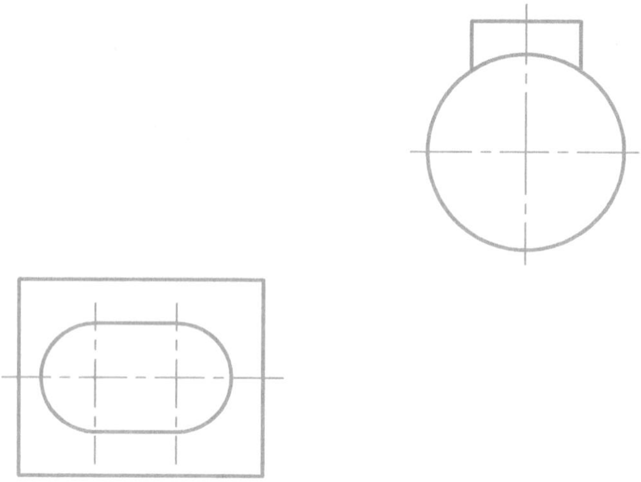

（2）

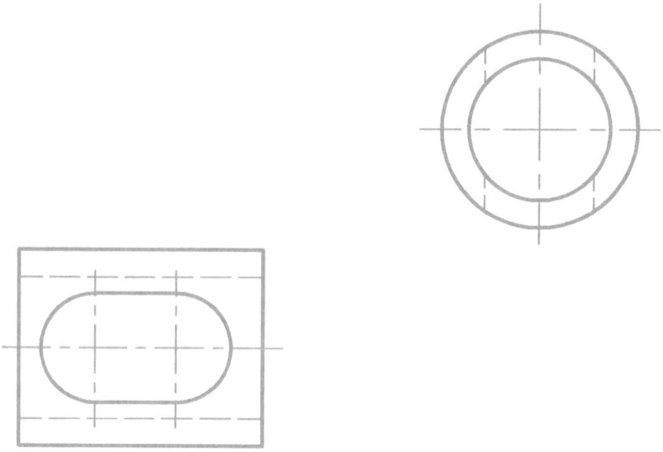

（3）

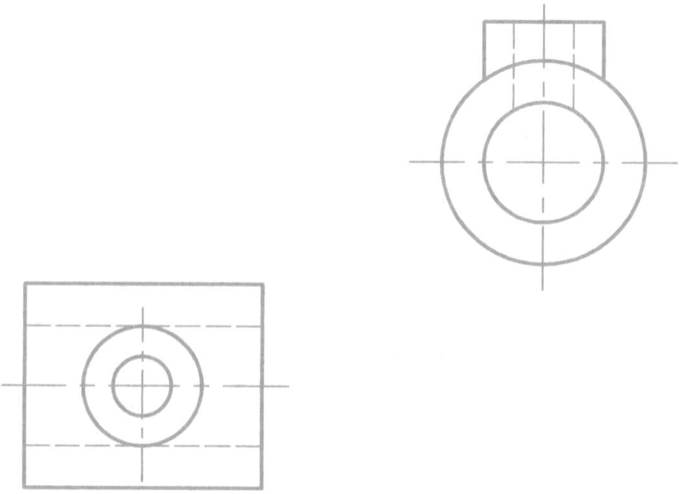

| T-42 | 班级 | | 姓名 | | 审阅 | 成绩 |

第4章 立体的投影习题（十五）

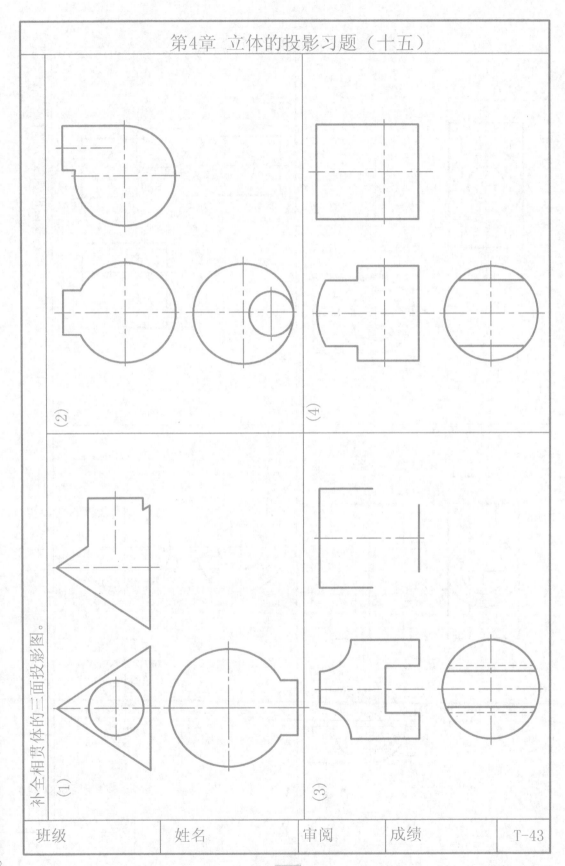

补全相贯体的三面投影图。

(1) (2) (3) (4)

| 班级 | 姓名 | 审阅 | 成绩 | T-43 |

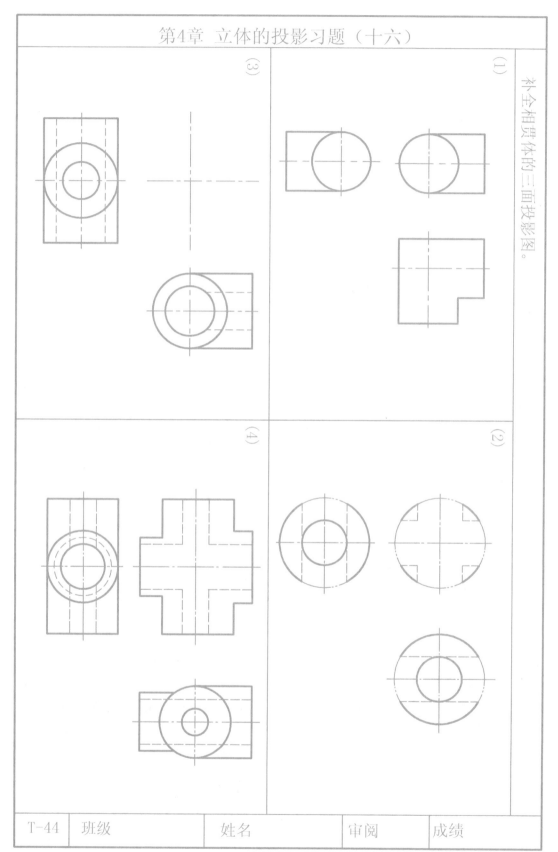

第5章 组合体习题（一）

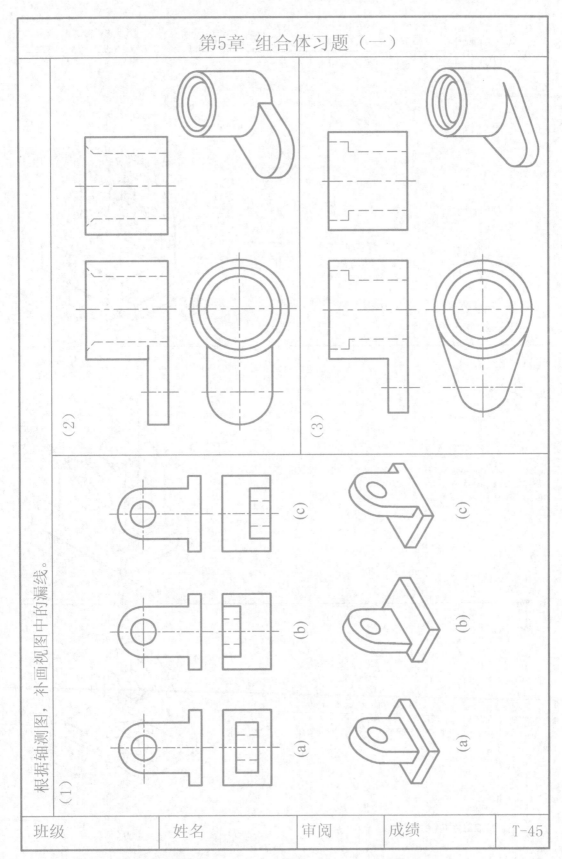

根据轴测图，补画视图中的漏线。

（1）

（2）

（3）

| 班级 | | 姓名 | | 审阅 | | 成绩 | | T-45 |

第5章 组合体习题 (二)

根据轴测图,画三视图。

(1)

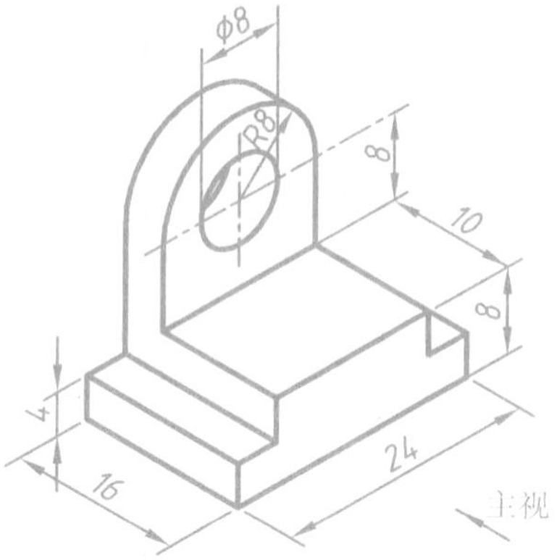

$\phi 8$
8
10
8
4
16
24
主视

(2)

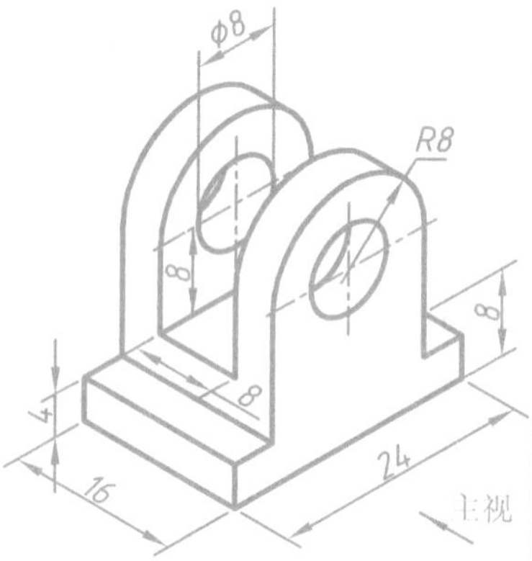

$\phi 8$
R8
8
8
8
4
16
24
主视

(3)

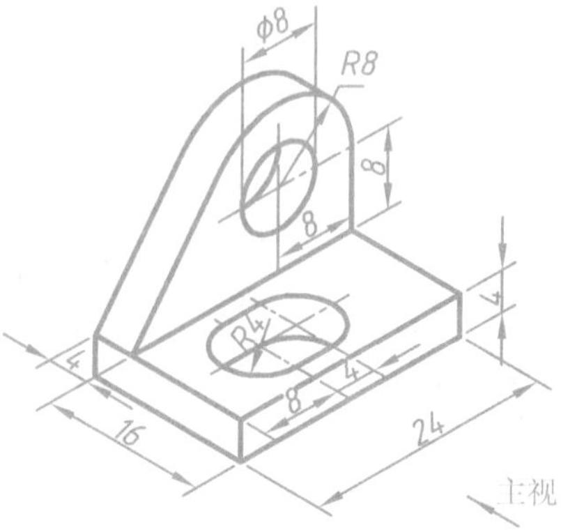

$\phi 8$
R8
8
8
R8
4
4
8
16
24
主视

| T-46 | 班级 | | 姓名 | | 审阅 | | 成绩 | |

第5章　组合体习题（三）

根据轴测图和俯、左视图，补画主视图。

（1）

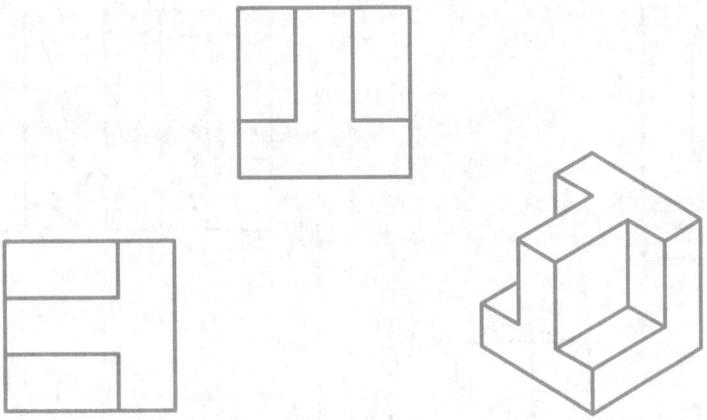

（2）

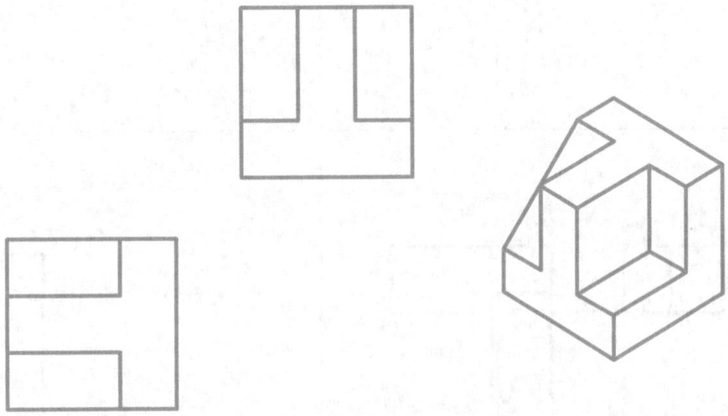

（3）

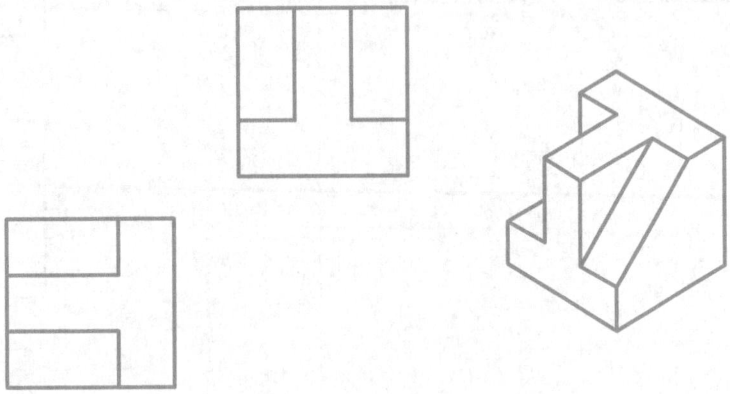

| 班级 | 姓名 | 审阅 | 成绩 | T-47 |

第5章 组合体习题(四)

看懂立体的两视图,补画第三视图。

(1)

(3)

(2)

(4)

第5章 组合体习题（五）

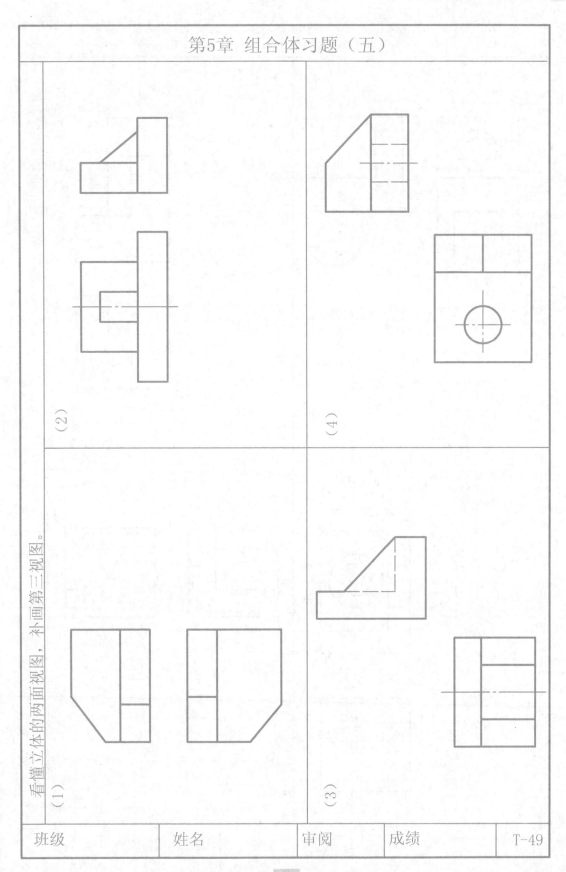

看懂立体的两面视图，补画第三视图。

（1）

（2）

（3）

（4）

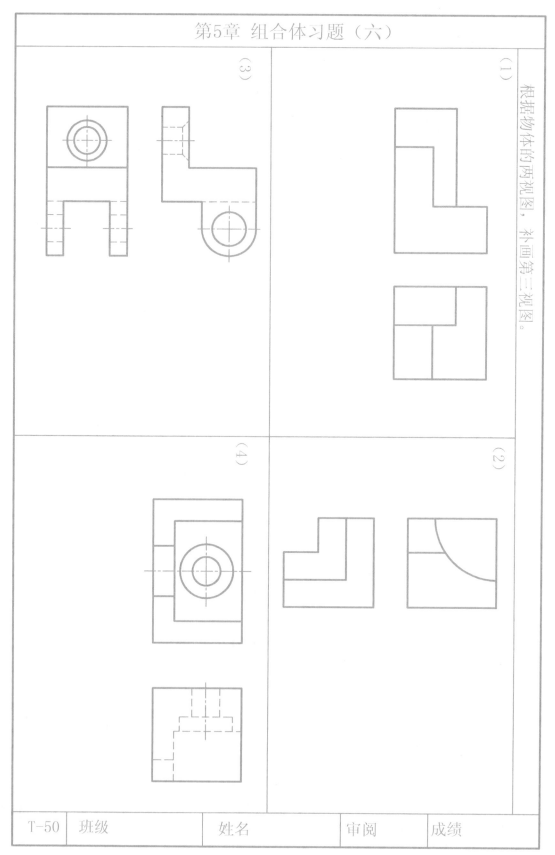

第5章 组合体习题（六）

根据物体的两视图，补画第三视图。

（1）

（2）

（3）

（4）

| T-50 | 班级 | | 姓名 | | 审阅 | | 成绩 | |

第5章 组合体习题（七）

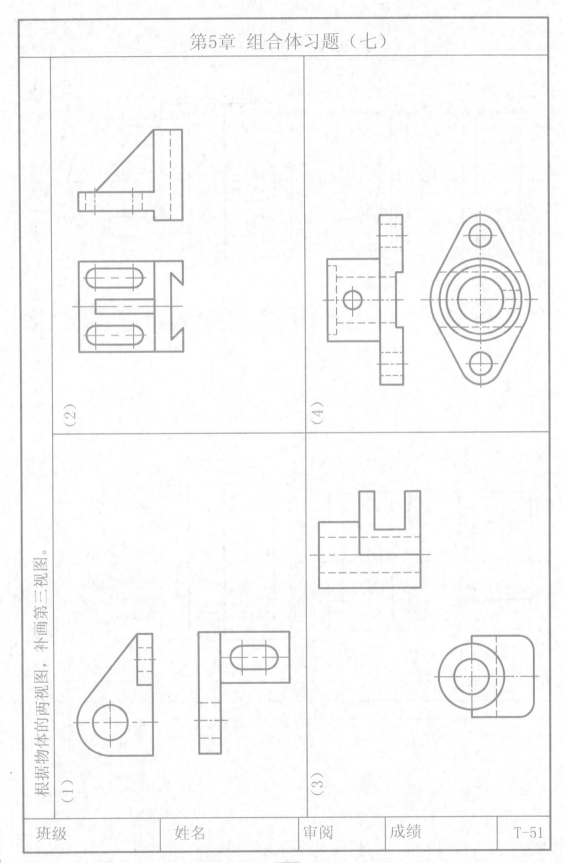

根据物体的两视图，补画第三视图。

（1）

（2）

（3）

（4）

班级	姓名	审阅	成绩	T-51

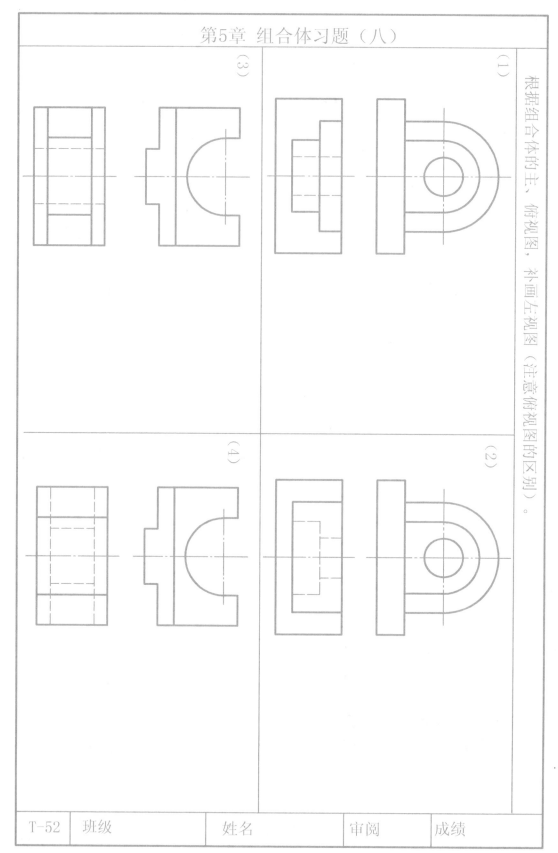

第5章 组合体习题（九）

根据组合体的两视图，补画第三视图。

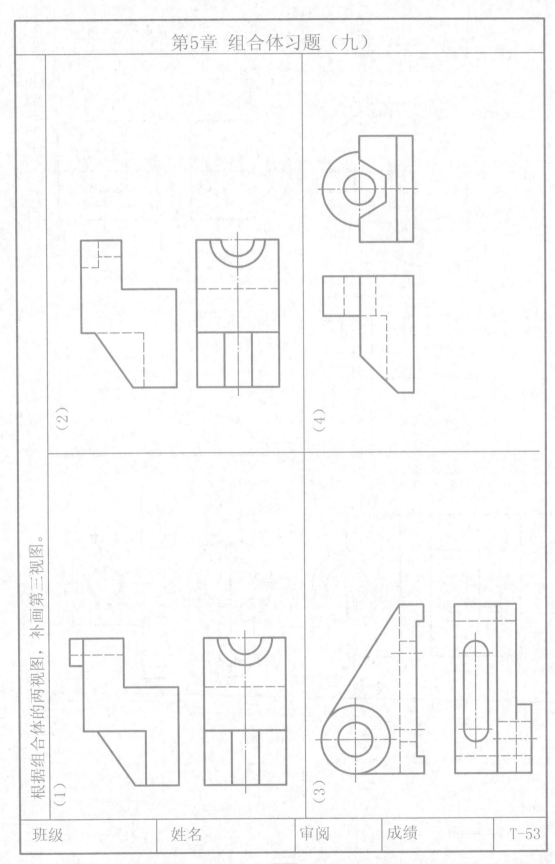

（1）　（2）　（3）　（4）

班级	姓名	审阅	成绩	T-53

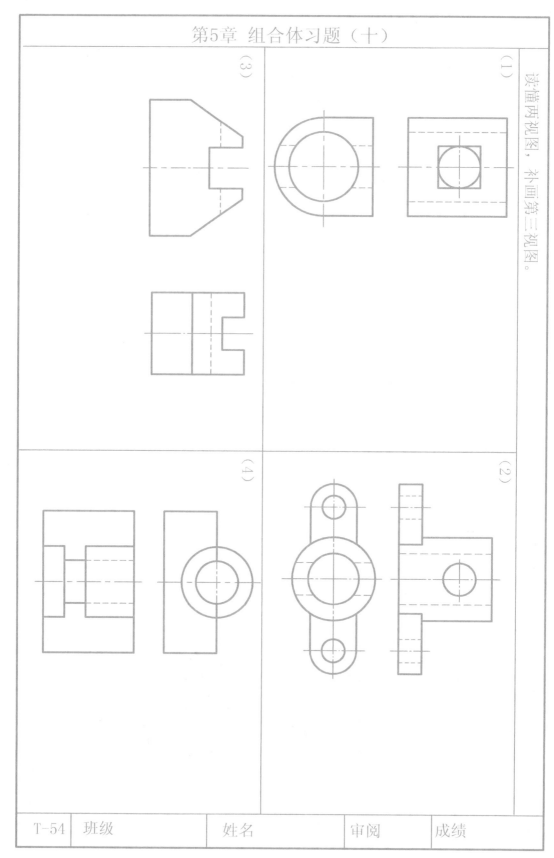

第5章 组合体习题（十一）

根据组合体的两视图，补画第三视图。

(1)

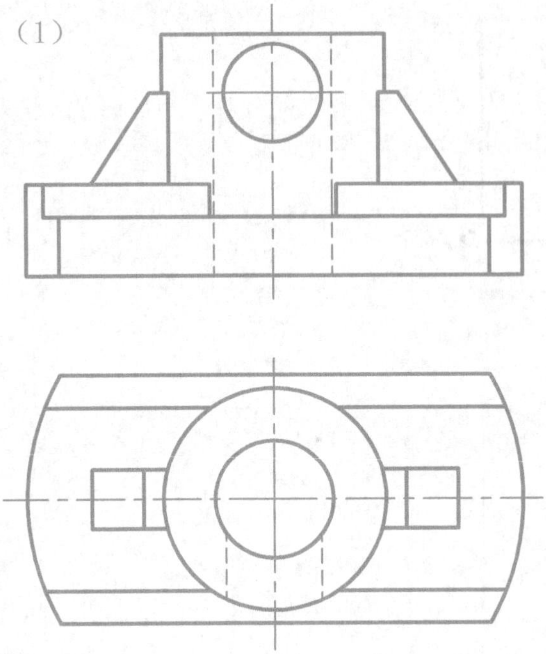

(2)

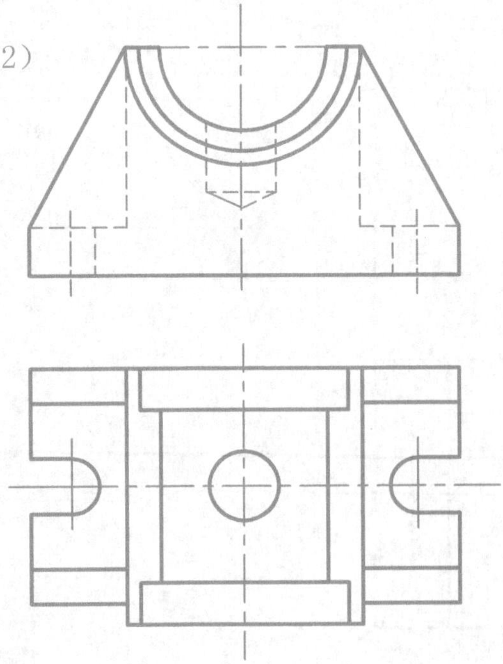

班级	姓名	审阅	成绩	T-55

第5章 组合体习题(十二)

读懂组合体的主、俯视图,补画左视图。

(1)

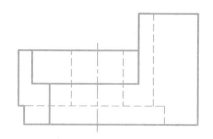

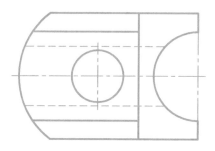

(2)

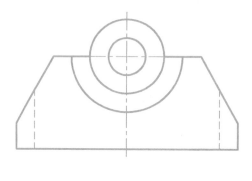

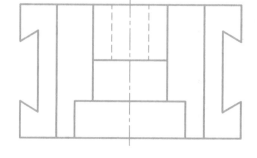

T-56	班级	姓名	审阅	成绩

第5章 组合体习题（十三）

给组合体标注尺寸（尺寸数值直接从图上量取并取整）

（1）

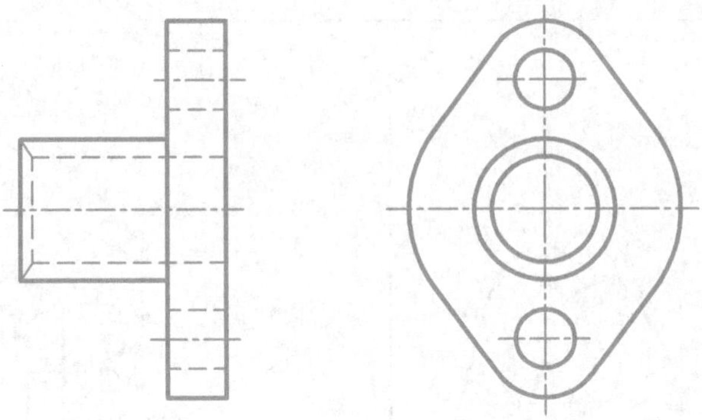

（2）

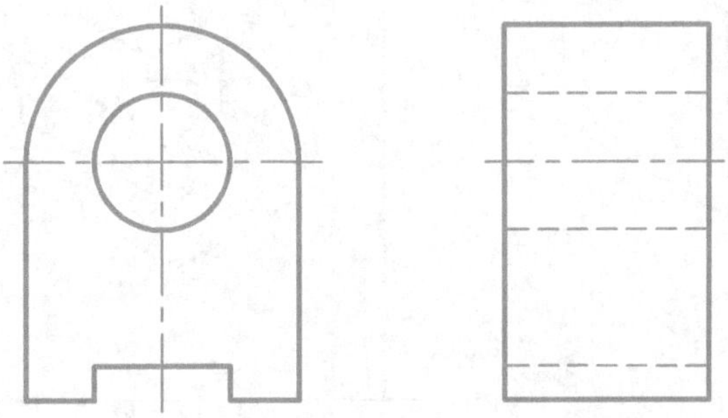

（3）

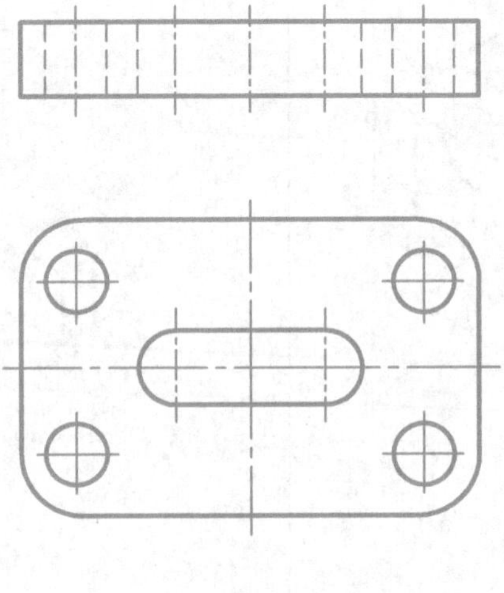

| 班级 | | 姓名 | | 审阅 | | 成绩 | | T-57 |

第5章 组合体大作业

根据轴测图，在A3或A4图纸上，画出组合体的三视图。
（比例、题号由教师选定）

（1）

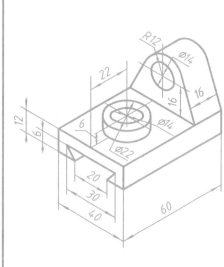

（2）

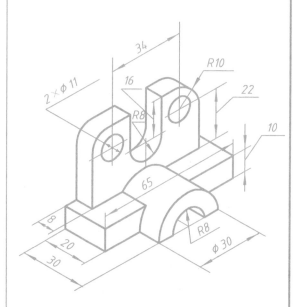

（3）

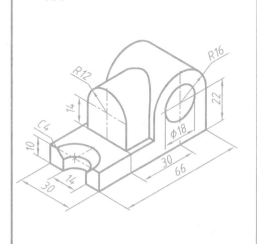

（4）

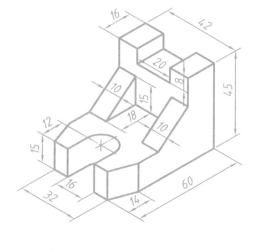

| T-58 | 班级 | 姓名 | 审阅 | 成绩 |

第6章　轴测图习题（一）

根据主、俯视图，画正等轴测图。

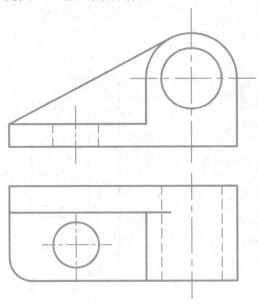

班级	姓名	审阅	成绩	T-59

第6章 轴测图习题（二）

根据主、左视图，画斜二等轴测图。

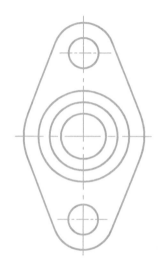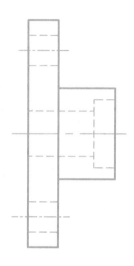

T-60	班级		姓名		审阅	成绩

第三部分 习 题 解 答

    为了让学生能在练习之后及时地得到正误判定,及时地得到订正,逐步培养学生正确的解题思路,提高教学效果,同时也帮助学生在课后很好地复习,发挥学生学习工程制图的积极性与主动性,特编写习题解答部分。

    习题解答的编排顺序与"第二部分 实践性习题"的顺序同步,学生必须在经过独立思考并做完习题后,才能在进行正误检查时参考习题解答。

第1章 制图的基本知识习题（一）解答

基本概念填空：

(1) 图纸的基本幅面有 <u>A0，A1，A2，A3，A4</u> 共五种。

(2) 图框线用 <u>粗实</u> 线绘制，表示图幅大小的纸边界
用 <u>细实</u> 线绘制。

(3) 标题栏的位置应位于图纸的 <u>右下角</u> ，这时看图方向与
标题栏方向 <u>一致</u> 。

(4) 比值为1的比例称为 <u>原值比例,</u> 即 <u>1：1</u> ；
比值大于1的比例称为放大比例，如 <u>2：1</u> ；
比值小于1的比例称为缩小比例，如 <u>1：2</u>。

(5) 图样中所标注的尺寸，为物体的 <u>真实</u> 尺寸，
与绘图的比例 <u>无关,</u> 与画图的精确度也 <u>无关</u>。

(6) 字体的号数，即为字体的高度，其字的宽约
为字高的 <u>0.7</u> 倍。

(7) 细点划线和双点划线的首末两端应是 <u>线段,</u>
而不是 <u>点</u>，并且应伸出物体轮廓约 <u>3</u> 毫米。

(8) 绘制圆的对称中心线时，圆心应为 <u>线段</u> 的交点。

(9) 图形是圆或大于一半的圆弧应标注 <u>直径</u> 尺寸；
小于一半的圆弧应标注 <u>半径</u> 尺寸。

(10) 在机械图样中，表示物体可见轮廓线采用 <u>粗实线</u> 线型；
表示物体不可见轮廓线采用 <u>虚线</u> 线型。

班级	姓名	审阅	成绩	T-1j

第1章　制图的基本知识习题（六）解答

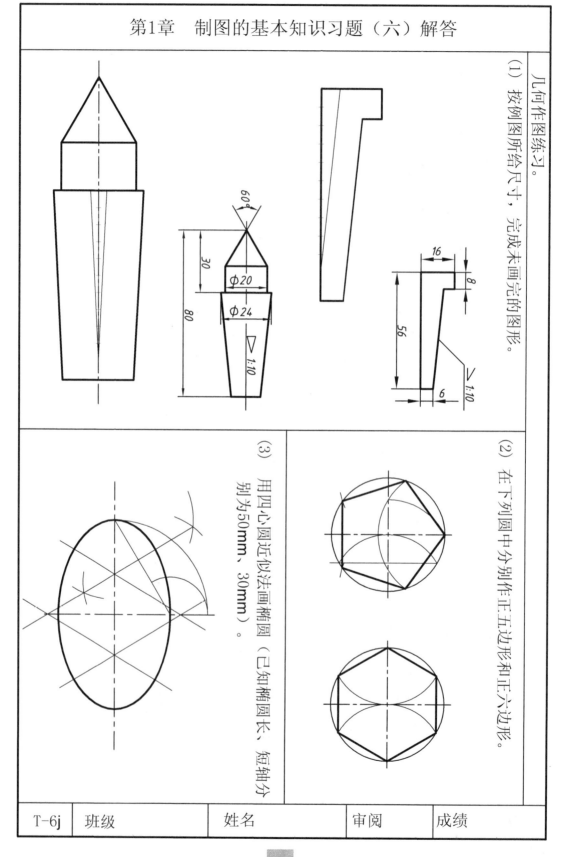

（1）几何作图练习。按例图所给尺寸，完成未画完的图形。

（2）在下列圆中分别作正五边形和正六边形。

（3）用四心圆近似法画椭圆（已知椭圆长、短轴分别为50mm、30mm）。

T-6j	班级	姓名	审阅	成绩

第1章 制图的基本知识习题（七）解答

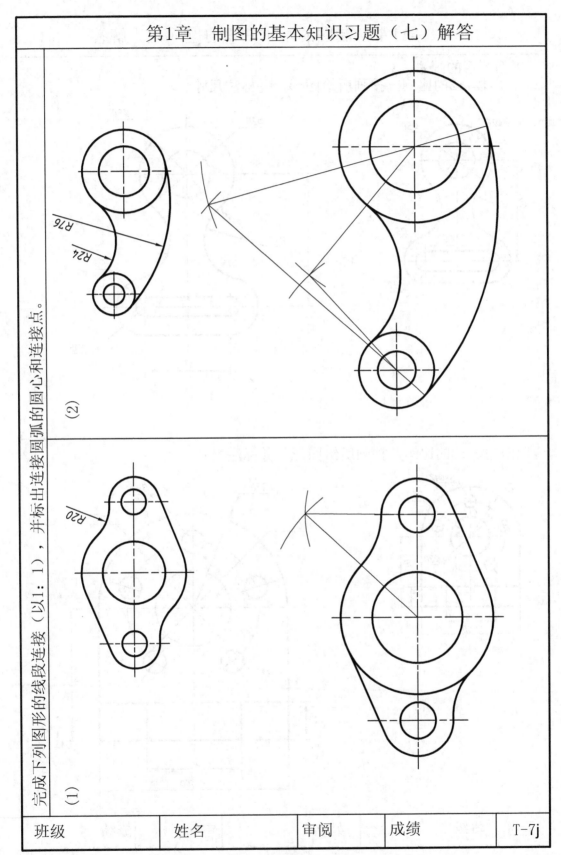

完成下列图形的线段连接（以1：1），并标出连接圆圆弧的圆心和连接点。

R76

R24

R20

(2)

(1)

| 班级 | | 姓名 | | 审阅 | | 成绩 | | T-7j |

第1章 制图的基本知识习题（八）解答

平面图形的画法
（1）按1:2的比例，抄画所给图形，并标注尺寸。

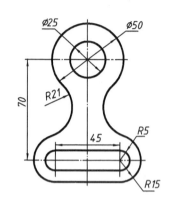

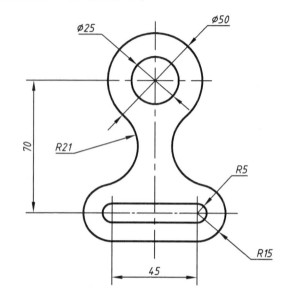

（2）按1:2的比例，抄画所给图形，并标注尺寸。

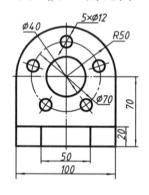

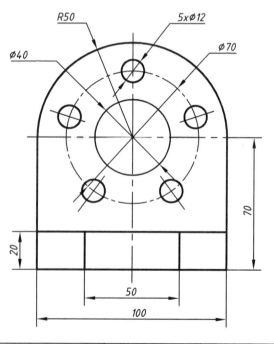

T-8j	班级		姓名		审阅	成绩

第1章　制图的基本知识习题（九）解答

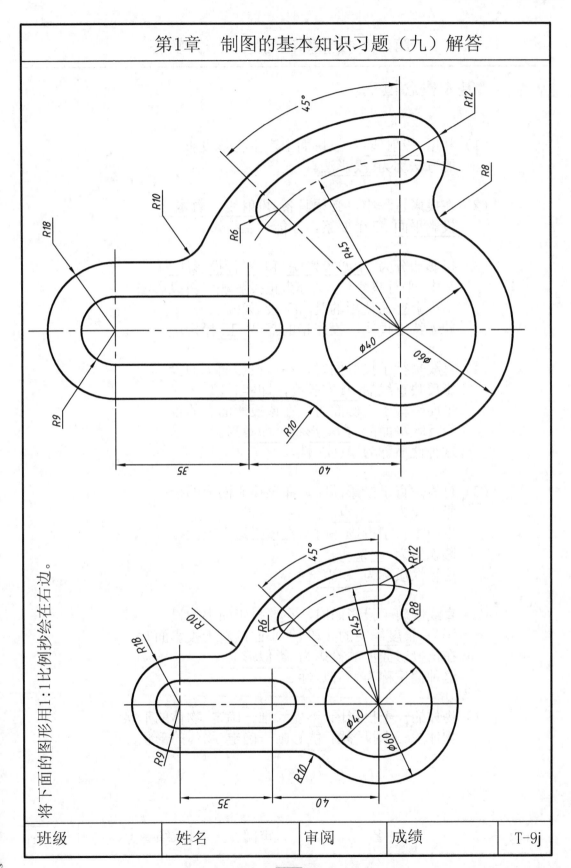

将下面的图形用1:1比例抄绘在右边。

班级	姓名	审阅	成绩	T-9j

第2章 投影基础习题（一）解答

基本概念填空。

（1）利用 <u>投射线</u> 在投影面上产生物体投影
　　的方法称为 <u>投影法</u>。

（2）在投影过程中，必须具备 <u>投射线、物体、</u>
　　<u>投影平面</u> 三个要素，才能产生投影。

（3）投影法分为 <u>中心投影法</u> 和 <u>平行投影法</u>。
　　其中 <u>平行投影法</u> 又分为正投影法和斜投影法。
　　工程上普遍使用的是 <u>正</u> 投影法。
　　若无特别说明，投影指的都是 <u>正</u> 投影。

（4）直线平行于投影面时，在该投影面上的投
　　影反映直线的 <u>真实长度</u>，即实长。
　　平面平行于投影面时，在该投影面上的投
　　影反映平面的 <u>真实形状</u>，即实形。
　　这种性质称为 <u>真实</u> 性。

（5）直线垂直于投影面时，在该投影面上的投
　　影积聚为 <u>一个点</u>。
　　平面垂直于投影面时，在该投影面上的投
　　影积聚为 <u>一条线</u>。
　　这种性质称为 <u>积聚</u> 性。

（6）直线倾斜于投影面时，在该投影面上的投
　　影为 <u>长度缩短的线段</u>。 平面倾斜于投影面时，
　　在该投影面上的投影为 <u>类似形</u>。
　　这种性质称为 <u>类似</u> 性。

（7）物体的一个投影图 <u>不能够唯一确定</u> 物体的形状。
　　物体的三个投影图 <u>能够唯一确定</u> 物体的形状。

班级	姓名	审阅	成绩	T-11j

第2章 投影基础习题（二）解答

基本概念填空。

（1）三面投影体系由 __V面__、__H面__
    和 __W面__ 组成。其中"V"代表 __正__ 投影
    面，"H"代表 __水平投影__ 面，"W"代表 __侧__ 投影面。

（2）在绘制物体的投影时，往往用视线作为投射线，
    因此投影图又称为 __视图__。物体的投影图与视
    图在本质上是 __一致__ 的。其中正投影图又称为 __主__ 视
    图，水平投影图又称为 __俯__ 视图，侧投影图又
    称为 __左__ 视图。
    体的三面投影图又称为 __三__ 视图。

（3）主视图——由物体的 __前__ 向 __后__ 投影所得到的视图。
    俯视图——由物体的 __上__ 向 __下__ 投影所得到的视图。
    左视图——由物体的 __左__ 向 __右__ 投影所得到的视图。
    在视图中，可见的轮廓线用 __粗实线__ 线型表示，
    不可见的轮廓线用 __虚线__ 线型表示。

（4）在同一张图上，主视图、俯视图、左视图对应的
    物体是 __一__ 个，因此，三视图之间必然存在内在
    联系。
    其中：主、俯视图 __长__ 对正，
          主、左视图 __高__ 平齐，
          俯、左视图 __宽__ 相等。
    不仅整个物体要符合这个三等关系，物体的每一
    局部投影，也必须 __符合这个三等关系__。

（5）主视图反映物体的 __上下__ 方位和 __左右__ 方位。
    俯视图反映物体的 __左右__ 方位和 __前后__ 方位。
    左视图反映物体的 __前后__ 方位和 __上下__ 方位。

T-12j	班级		姓名		审阅		成绩	

第2章 投影基础习题（三）解答

判断下列三视图的画法是否正确，并指出错在哪。

（注意三视图之间的三等关系是否满足）

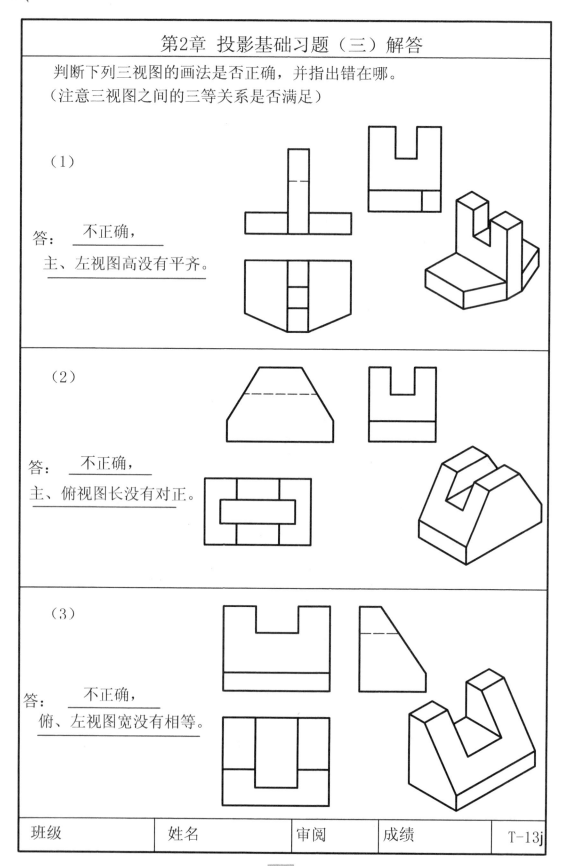

（1）

答： 不正确，

主、左视图高没有平齐。

（2）

答： 不正确，

主、俯视图长没有对正。

（3）

答： 不正确，

俯、左视图宽没有相等。

班级	姓名	审阅	成绩	T-13j

第2章 投影基础习题（四）解答

（1）（2）（3）（4）（5）（6）（7）（8）

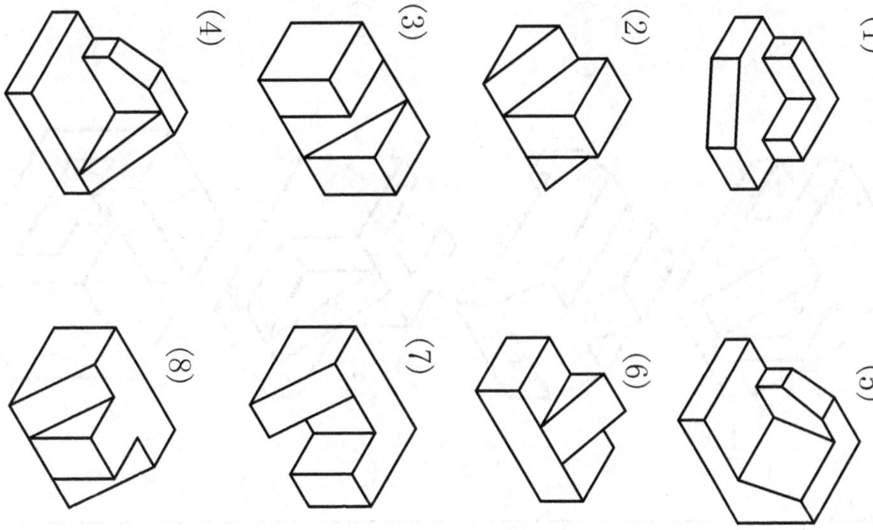

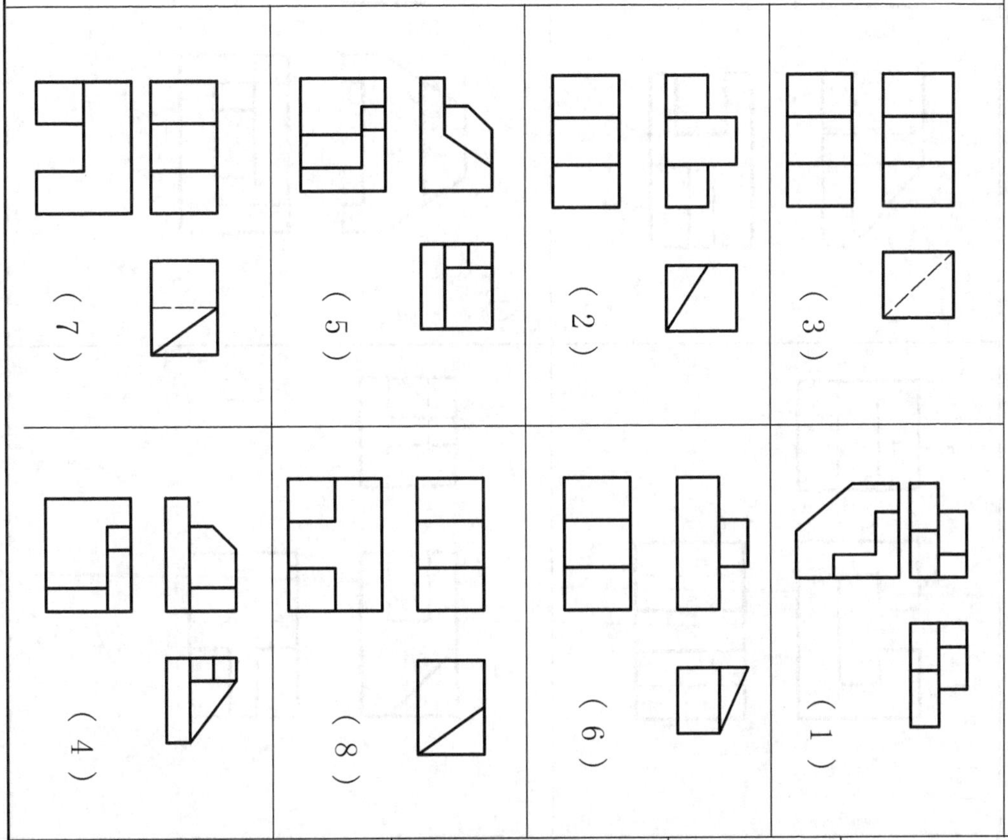

| T-14j | 班级 | 姓名 | 审阅 | 成绩 |

第2章 投影基础习题（五）解答

根据三视图，找相应的轴测图，并将三视图的编号填写在轴测图旁的括号中。

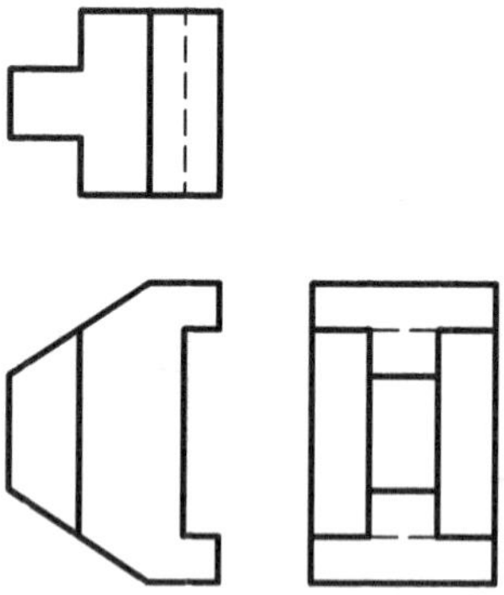

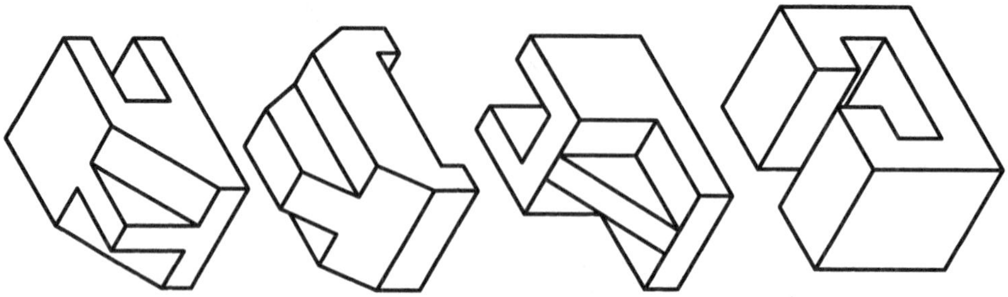

（2）

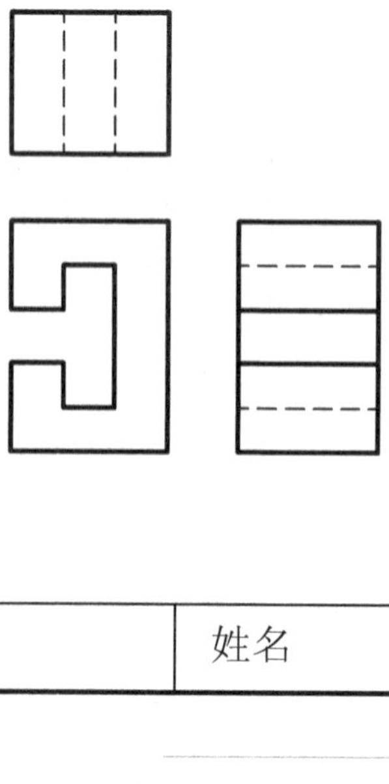

（4）

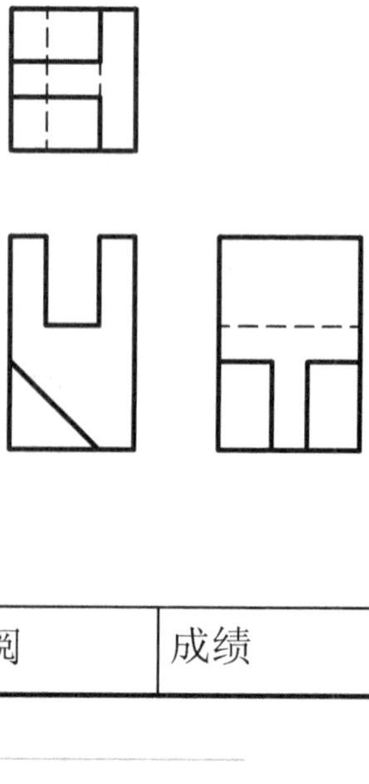

（3）

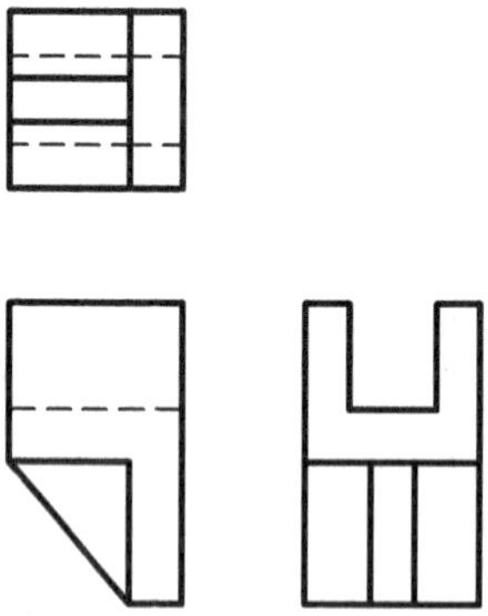

（1）

（3）

（4）

（1）

（2）

| 班级 | 姓名 | 审阅 | 成绩 | T-15j |

第2章　投影基础习题（六）解答

根据轴测图，按1:1画出立体的三视图。

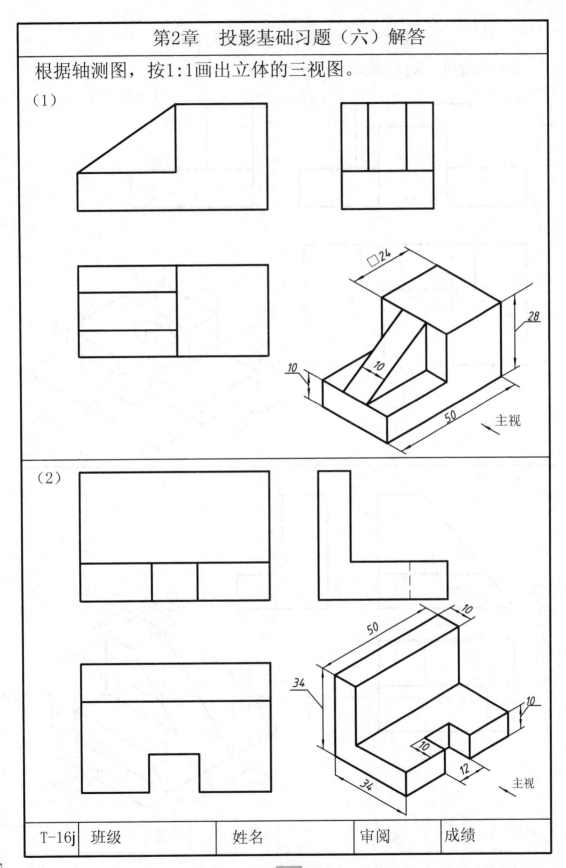

（1）

（2）

| T-16j | 班级 | | 姓名 | | 审阅 | | 成绩 | |

第2章 投影基础习题（七）解答

根据轴测图，按1:1画出立体的三视图。

（1）

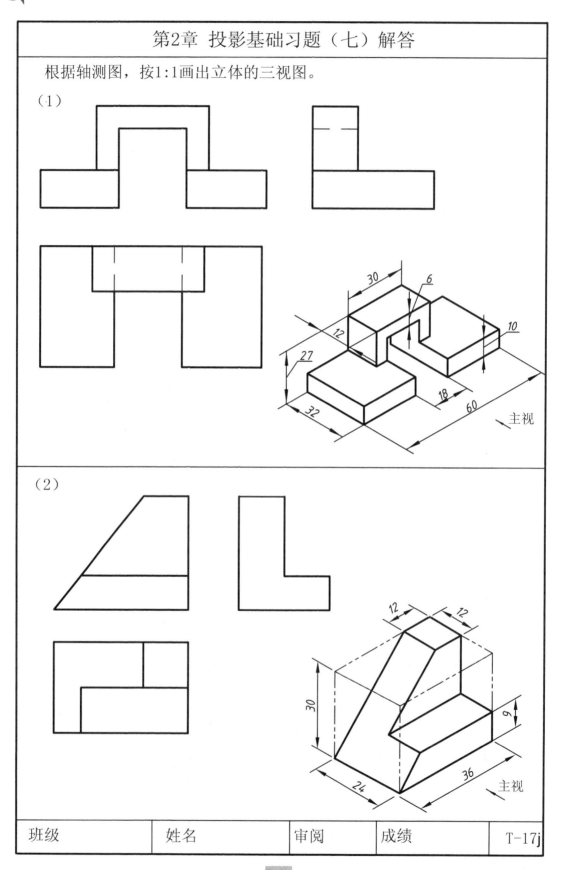

主视

（2）

主视

班级	姓名	审阅	成绩	T-17j

第2章 投影基础习题（八）解答

根据立体的轴测图，徒手画出其三视图。

（1）

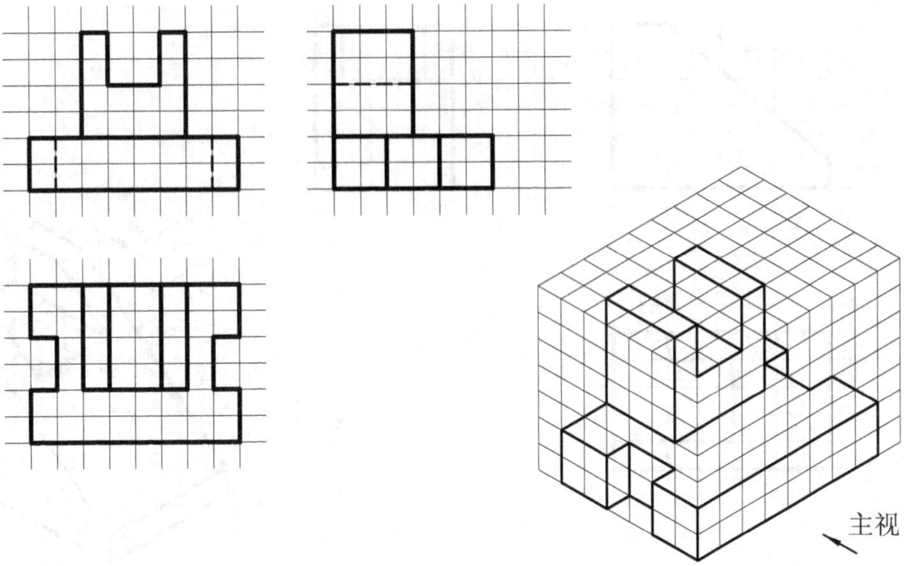

主视

（2）

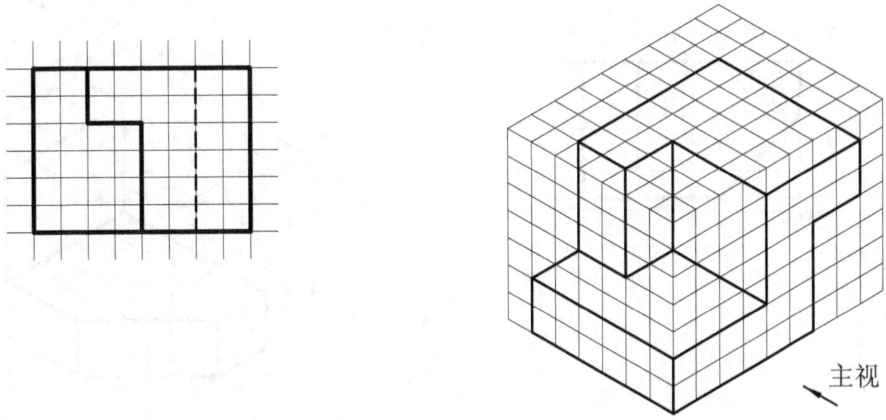

主视

| T-18j | 班级 | | 姓名 | | 审阅 | | 成绩 | |

第2章 投影基础习题(九)解答

根据立体的轴测图，徒手画出其三视图。

（1）

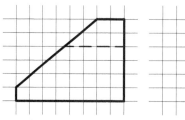
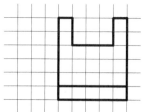

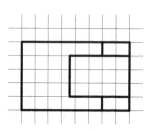
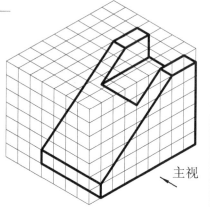

主视

（2）

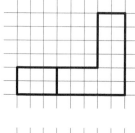
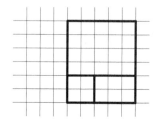

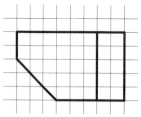
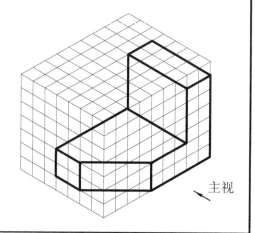

主视

班级	姓名	审阅	成绩	T-19j

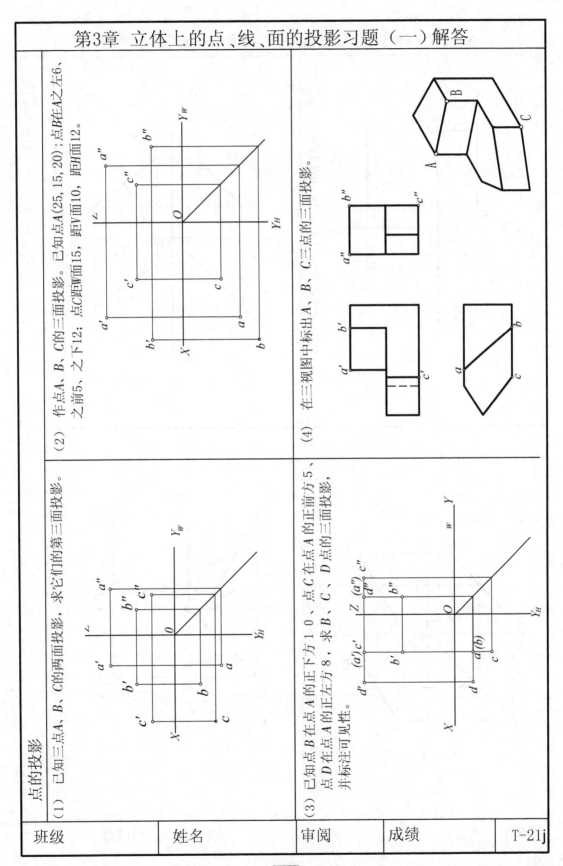

第3章 立体上的点、线、面的投影习题（一）解答

点的投影

（1）已知三点A、B、C的两面投影，求它们的第三面投影。

（2）作点A、B、C的三面投影。已知点A(25，15，20)；点B在A之左6、之前5、之下12；点C距W面15，距V面10，距H面12。

（3）已知点B在点A的正下方10，点C在点A的正前方5、点D在点A的正左方8，求B、C、D点的三面投影，并标注可见性。

（4）在三视图中标出A、B、C三点的三面投影。

| 班级 | | 姓名 | | 审阅 | | 成绩 | | T-21j |

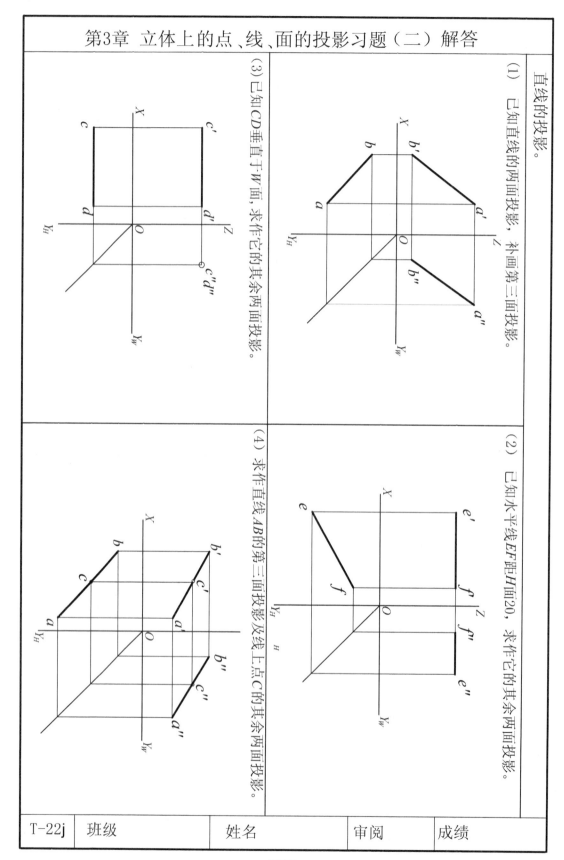

第3章 立体上的点、线、面的投影习题（二）解答

直线的投影。

（1）已知直线的两面投影，补画第三面投影。

（2）已知水平线EF距H面20，求作它的其余两面投影。

（3）已知CD垂直于W面，求作它的其余两面投影。

（4）求作直线AB的第三面投影及线上点C的其余两面投影。

| T-22j | 班级 | | 姓名 | | 审阅 | 成绩 |

第3章 立体上的点、线、面的投影习题（三）解答

对照立体图，在三视图中标出直线的投影，并填空。

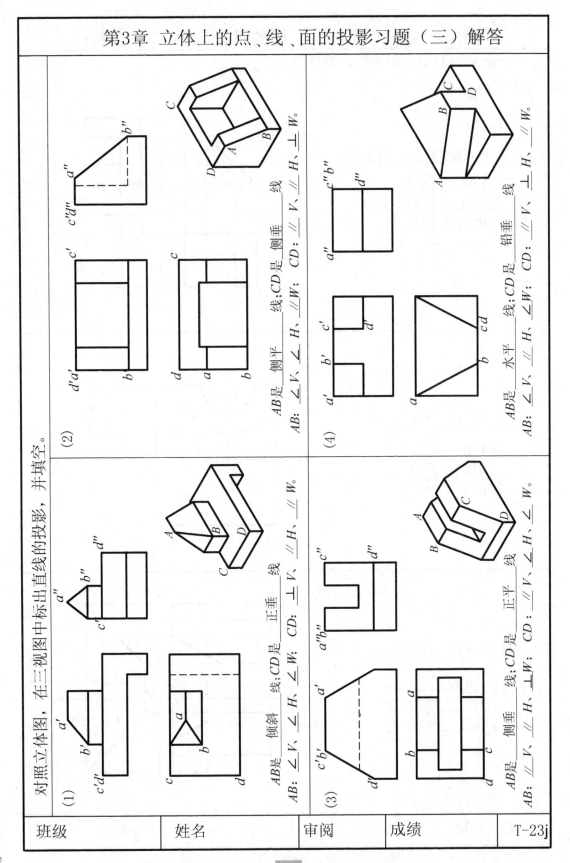

(1)

AB是 __倾斜__ 线;CD是 __正垂__ 线

AB: __∠__V、__∠__H、__∠__W; CD: __⊥__V、__∥__H、__∥__W。

(2)

AB是 __侧平__ 线;CD是 __侧垂__ 线

AB: __∠__V、__∥__H、__∥__W; CD: __∥__V、__⊥__H、__∥__W。

(3)

AB是 __侧垂__ 线;CD是 __正平__ 线

AB: __∥__V、__∠__H、__⊥__W; CD: __∥__V、__∠__H、__∠__W。

(4)

AB是 __水平__ 线;CD是 __铅垂__ 线

AB: __∠__V、__∥__H、__∠__W; CD: __∥__V、__⊥__H、__∥__W。

第3章 立体上的点、线、面的投影习题（四）解答

补画平面的第三面投影，并填空。

(1)

该平面是__正垂__面，

与V面____垂直____，
与H面____倾斜____，
与W面____倾斜____。

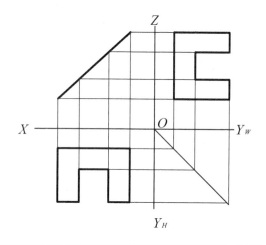

(2)

该平面是__正平__面，

与V面____平行____，
与H面____垂直____，
与W面____垂直____。

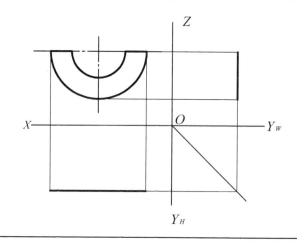

(3)

该平面是____侧垂____面，

与V面____倾斜____，
与H面____倾斜____，
与W面____垂直____。

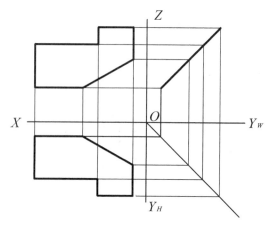

T-24j	班级		姓名		审阅		成绩	

第3章　立体上的点、线、面的投影习题（五）解答

对照立体图，在三视图中标出 P 平面、R 平面的三面投影，并填空。

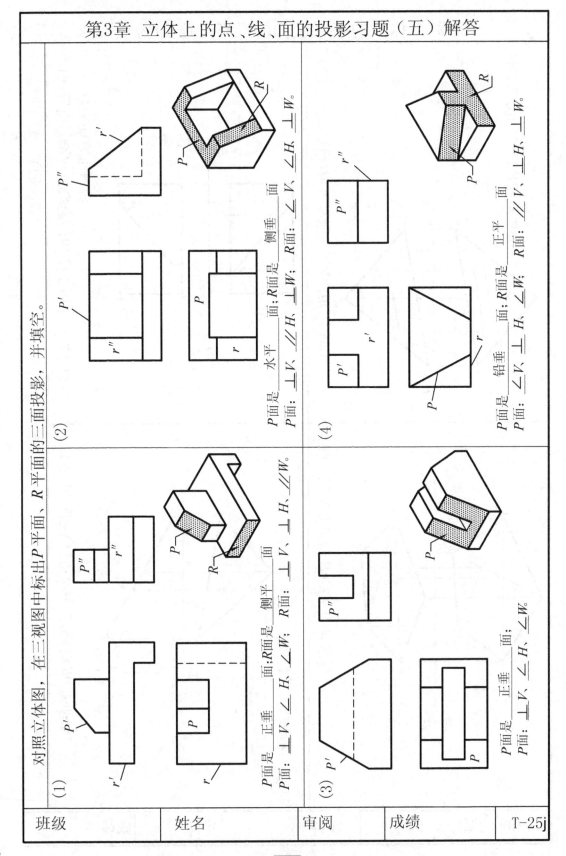

(2)

P 面是　水平　面；R 面是　侧垂　面
P 面：⊥V、//H、⊥W；R 面：∠V、∠H、⊥W。

(4)

P 面是　铅垂　面；R 面是　正平　面
P 面：∠V、⊥H、∠W；R 面：//V、∠H、⊥W。

(1)

P 面是　正垂　面；R 面是　侧平　面
P 面：∠V、⊥H、∠W；R 面：⊥V、∠H、⊥W。

(3)

P 面是　正垂　面；
P 面：⊥V、∠H、∠W。

第3章 立体上的点、线、面的投影习题（六）解答

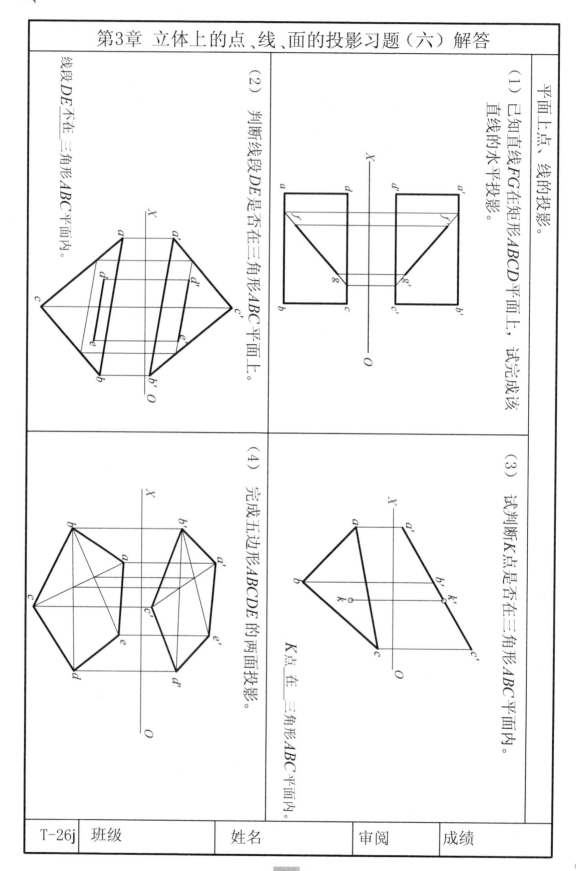

平面上点、线的投影。

（1）已知直线FG在矩形ABCD平面上，试完成该直线的水平投影。

（2）判断线段DE是否在三角形ABC平面上。

线段DE不在三角形ABC平面内。

（3）试判断K点是否在三角形ABC平面内。

K点在三角形ABC平面内。

（4）完成五边形ABCDE的两面投影。

T-26j	班级		姓名		审阅		成绩	

第3章 立体上的点、线、面的投影习题（七）解答

立体表面上点的投影。
参照立体图，求P面上A点、R面上B点的其余两面投影。
（要求保留作图线）

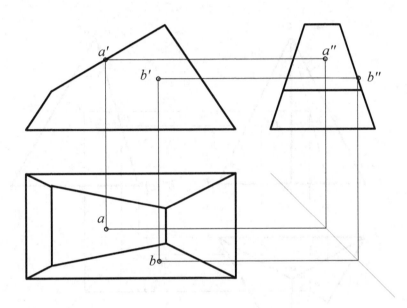

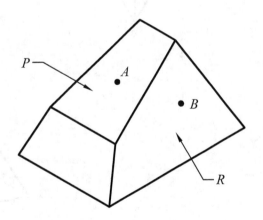

班级		姓名		审阅		成绩		T-27j

现代工程制图基础(上册)

第3章 立体上的点、线、面的投影习题（八）解答

立体表面上点的投影。

参照立体图，求△ABC面上E点、△ABD面上F点的其余两面投影。
（要求保留作图线）

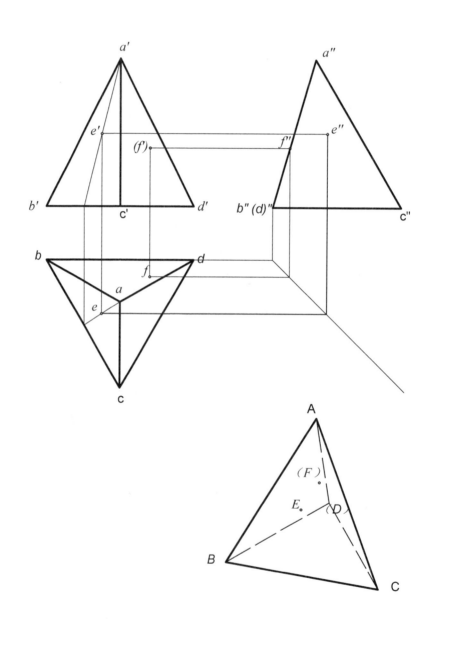

第4章 立体的投影习题（一）解答

对照轴测图，完成立体的第三视图。

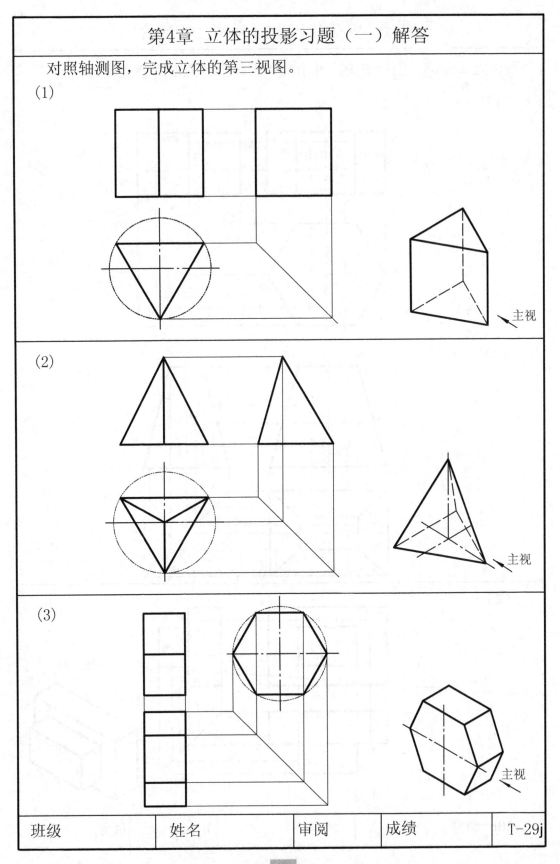

(1)

主视

(2)

主视

(3)

主视

| 班级 | 姓名 | 审阅 | 成绩 | T-29j |

第4章 立体的投影习题（二）解答

画出立体的第三面投影图，并求立体表面上各点的其余两投影。

（1）

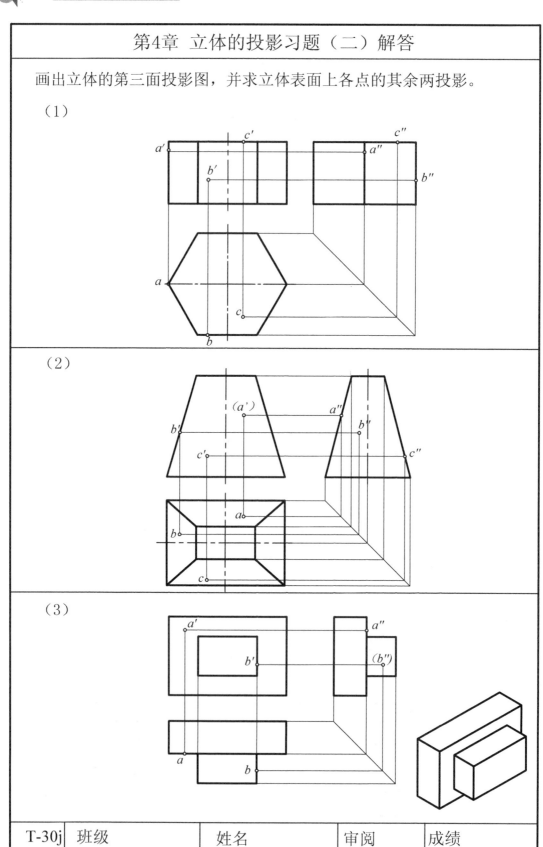

（2）

（3）

第4章　立体的投影习题（三）解答

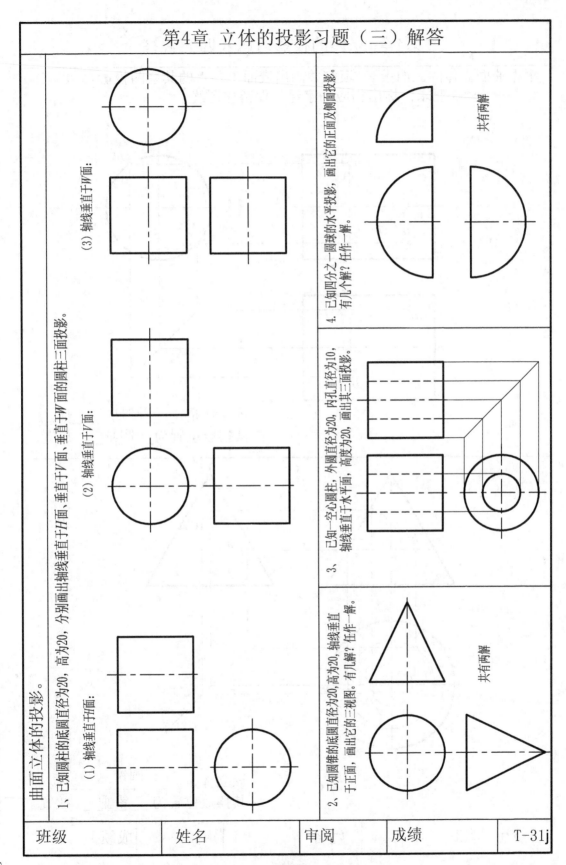

曲面立体的投影。

1、已知圆柱的底圆直径为20，高为20，分别画出轴线垂直于H面、垂直于V面、垂直于W面的圆柱三面投影。

(1) 轴线垂直于H面：

(2) 轴线垂直于V面：

(3) 轴线垂直于W面：

2、已知圆锥的底圆直径为20，高为20，轴线垂直于正面，画出它的三视图。有几解？任作一解。

共有两解

3、已知一空心圆柱，外圆直径为20，内孔直径为10，高度为20，轴线垂直于水平面，画出其三面投影。

4、已知四分之一圆球的水平投影，画出它的正面及侧面投影。有几个解？任作一解。

共有两解

班级	姓名	审阅	成绩	T-31j

第4章 立体的投影习题（四）解答

根据曲面立体的三面投影,填空并画出表面上各点的其余两投影。
（要求：标出相应的字母，保留作图线）

(1)

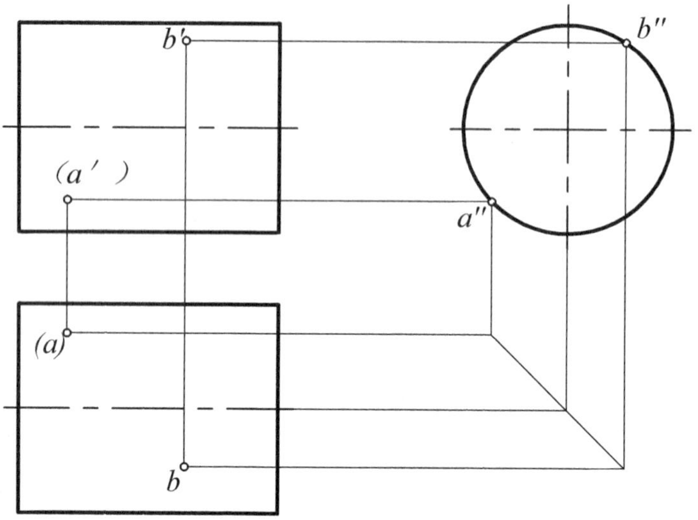

该立体是＿＿＿圆柱＿＿＿体。
其摆放位置为＿＿侧垂＿＿放置。

(2)

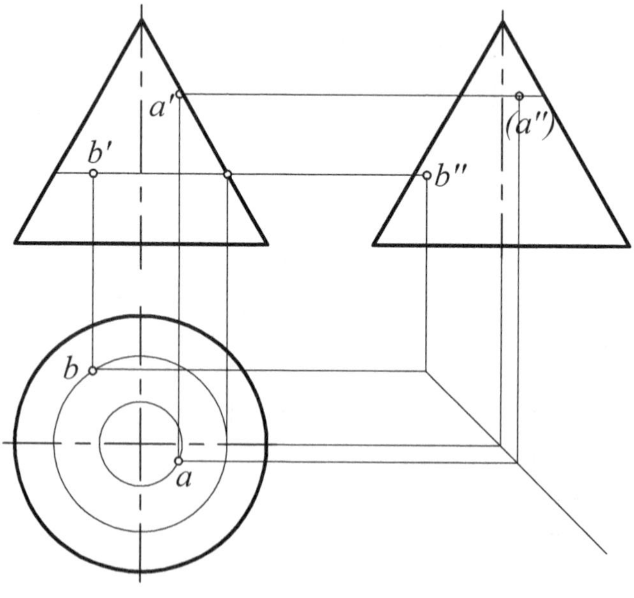

该立体是＿＿＿圆锥＿＿＿体。
其摆放位置为＿＿铅垂＿＿放置。

T-32j	班级	姓名	审阅	成绩

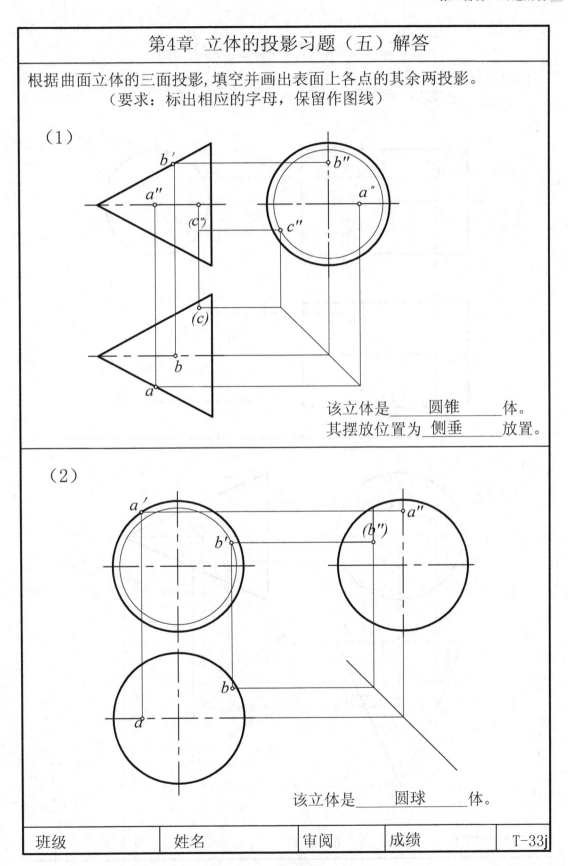

第4章 立体的投影习题（五）解答

根据曲面立体的三面投影,填空并画出表面上各点的其余两投影。

（要求：标出相应的字母，保留作图线）

（1）

该立体是＿＿＿圆锥＿＿＿体。

其摆放位置为＿侧垂＿＿放置。

（2）

该立体是＿＿＿圆球＿＿＿体。

班级	姓名	审阅	成绩	T-33j

第4章 立体的投影习题（六）解答

补画曲面立体的第三面投影，并求出表面上各点的其余两投影。
（要求：标出相应的字母，保留作图线）

(1)

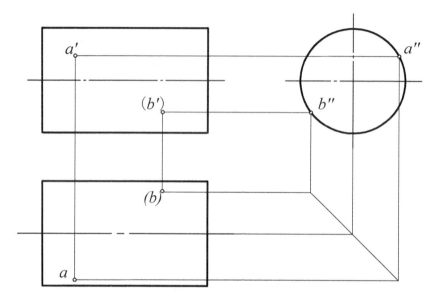

(2)

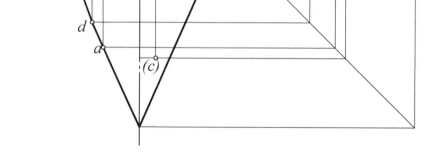

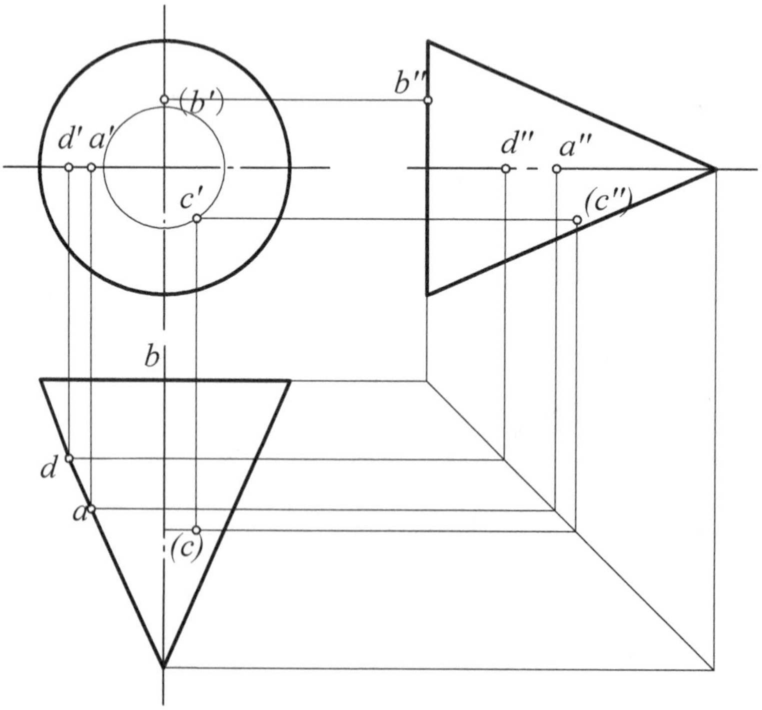

| T-34j | 班级 | | 姓名 | | 审阅 | 成绩 |

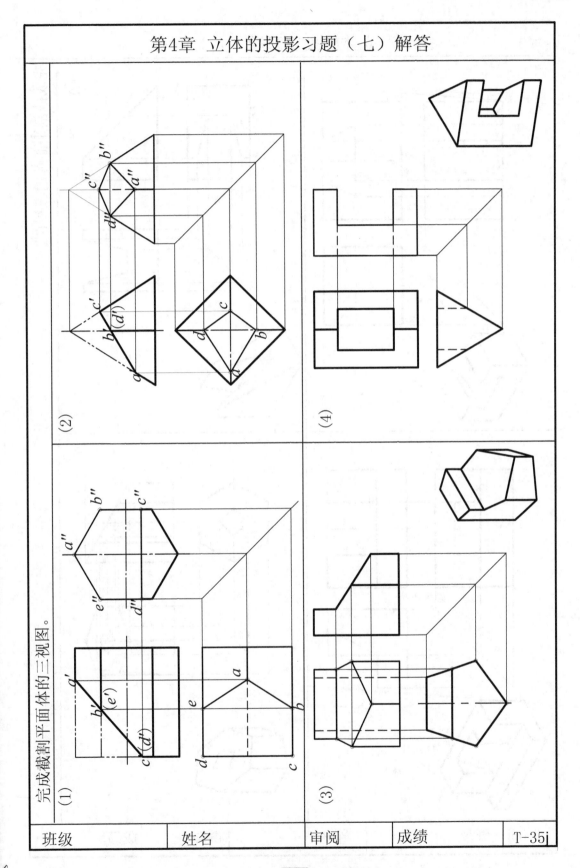

第4章 立体的投影习题（七）解答

完成截割平面体的三视图。

(1)

(2)

(3)

(4)

| 班级 | 姓名 | 审阅 | 成绩 | T-35j |

第4章 立体的投影习题（八）解答

完成截割平面体的三视图。

T-36j	班级		姓名		审阅		成绩	

第4章　立体的投影习题（九）解答

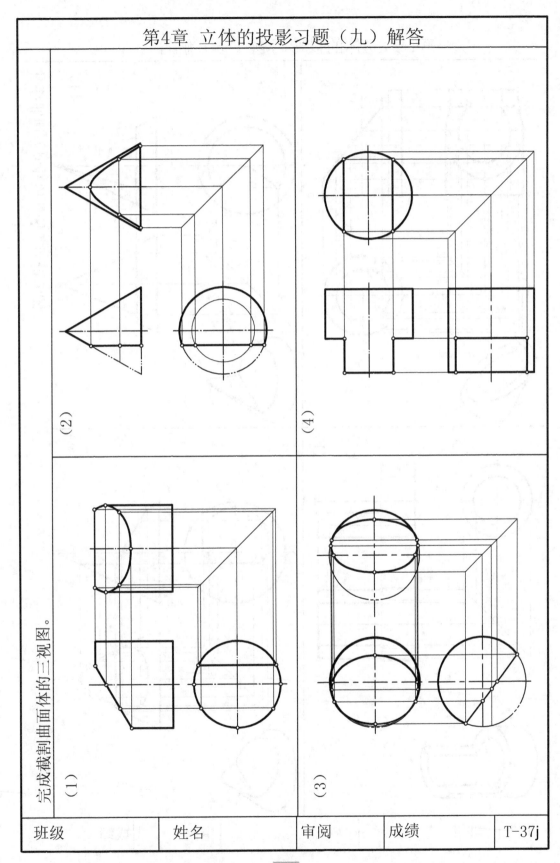

完成截割曲面体的三视图。

（1）

（2）

（3）

（4）

| 班级 | | 姓名 | | 审阅 | | 成绩 | | T-37j |

第4章 立体的投影习题（十）解答

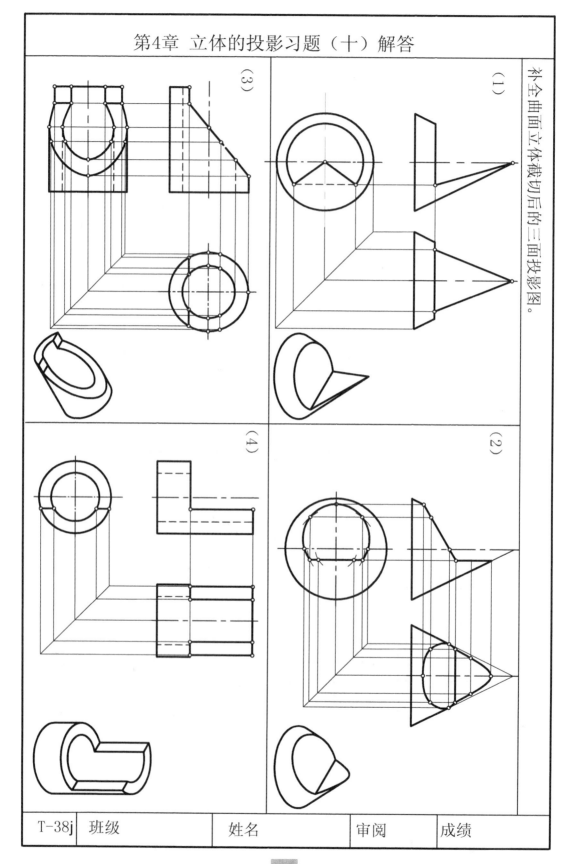

（1）　（2）　（3）　（4）

T-38j	班级	姓名	审阅	成绩

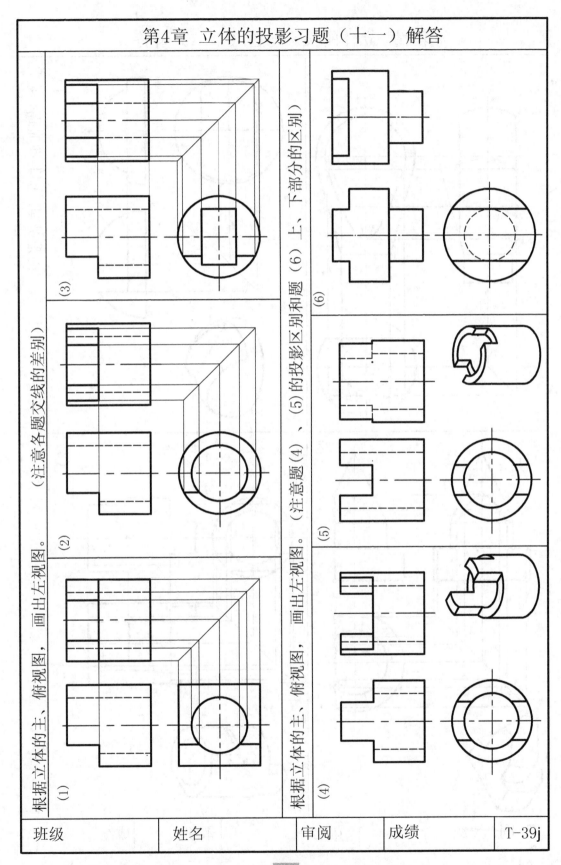

第4章 立体的投影习题（十一）解答

（1）根据立体的主、俯视图，画出左视图。（注意各题交线的差别）

（2）

（3）

（4）根据立体的主、俯视图，画出左视图。（注意题（4）、（5）的投影区别和题（5）、（6）上、下部分的区别）

（5）

（6）

班级	姓名	审阅	成绩	T-39j

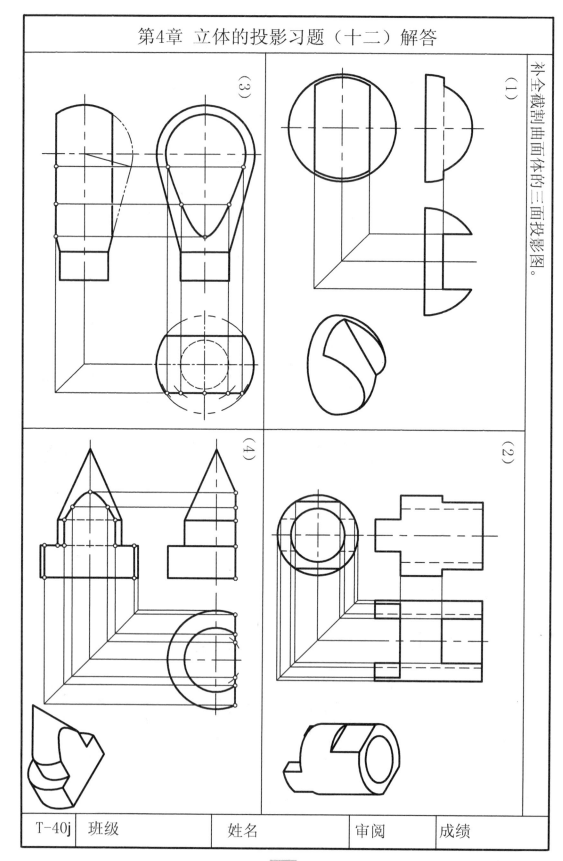

第4章 立体的投影习题（十二）解答

补全截割曲面体的三面投影图。

（1）

（2）

（3）

（4）

T-40j	班级		姓名		审阅	成绩

第4章 立体的投影习题（十三）解答

根据相贯体的左、俯视图，补画主视图。

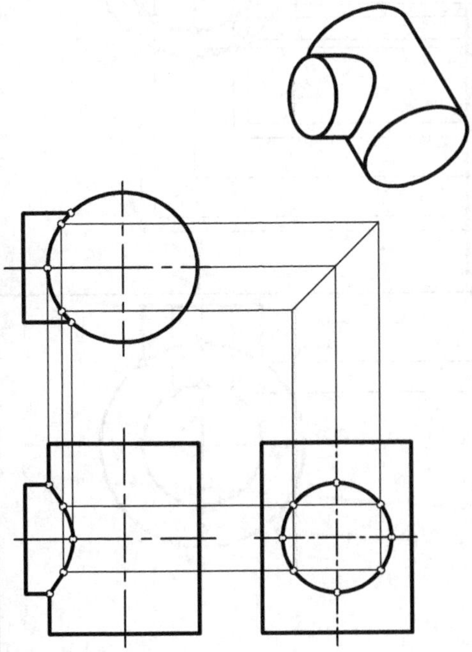

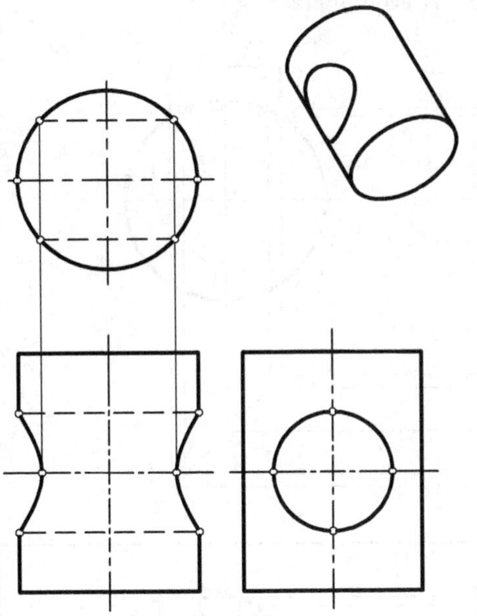

（2）

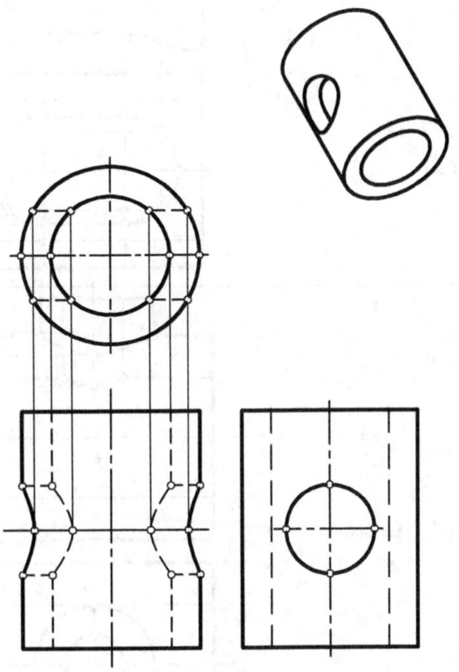

（1）

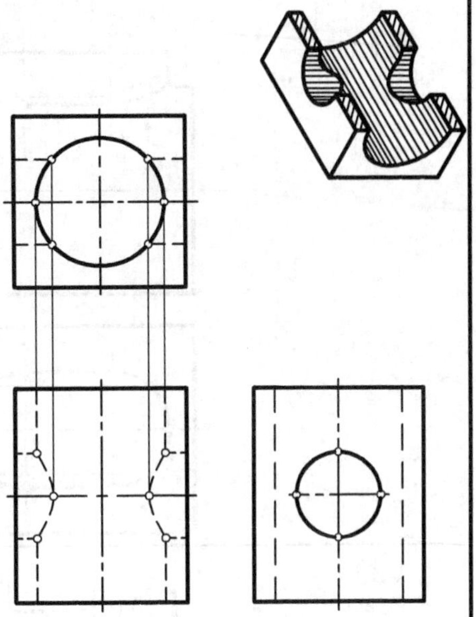

（4）

（3）

| 班级 | 姓名 | 审阅 | 成绩 | T-41j |

第4章 立体的投影习题（十四）解答

根据相贯体的水平投影和侧面投影，补画正面投影。

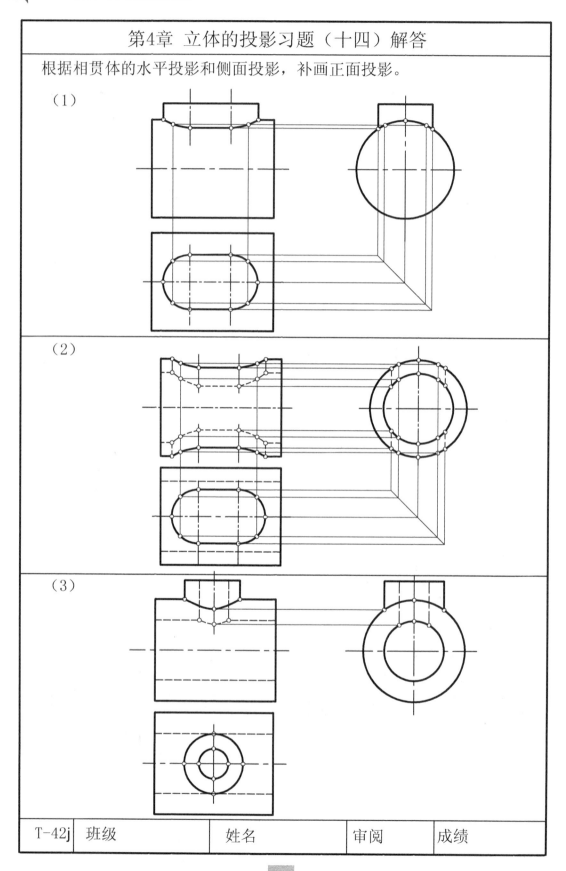

（1）

（2）

（3）

| T-42j | 班级 | 姓名 | 审阅 | 成绩 |

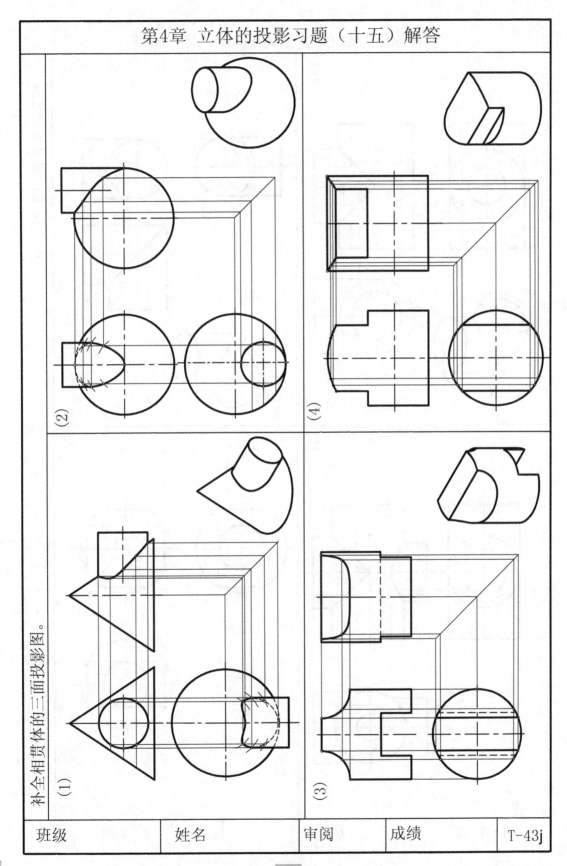

第4章　立体的投影习题（十五）解答

补全相贯体的三面投影图。

（2）

（4）

（1）

（3）

班级		姓名		审阅		成绩		T-43j

第4章 立体的投影习题（十六）解答

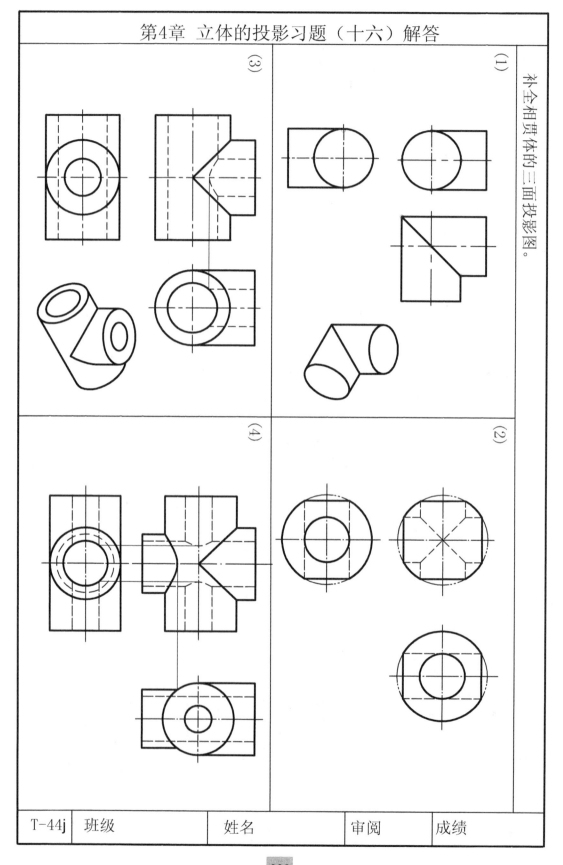

（1）

（2）

（3）

（4）

T-44j	班级	姓名	审阅	成绩

第5章 组合体习题（一）解答

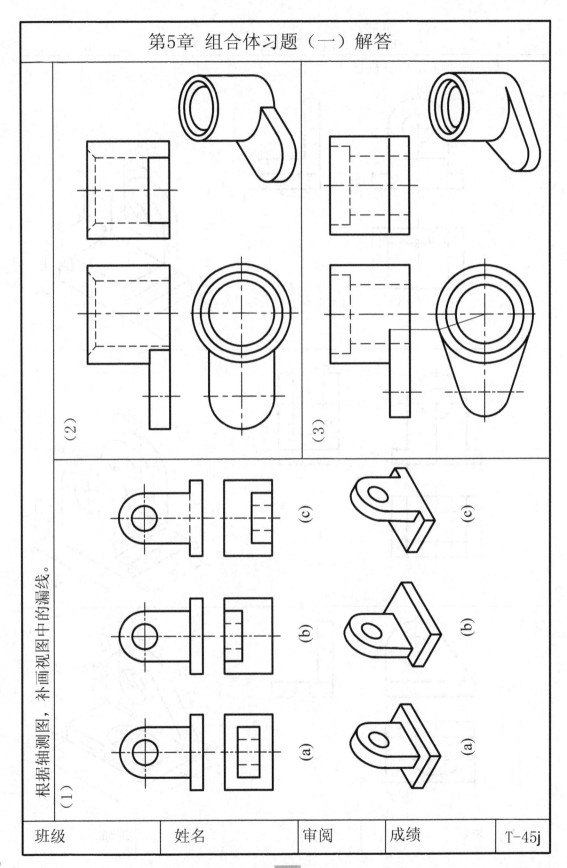

根据轴测图，补画视图中的漏线。

（1）

（2）

（3）

（a）　（b）　（c）

| 班级 | 姓名 | 审阅 | 成绩 | T-45j |

第5章 组合体习题（二）解答

根据轴测图，画三视图。

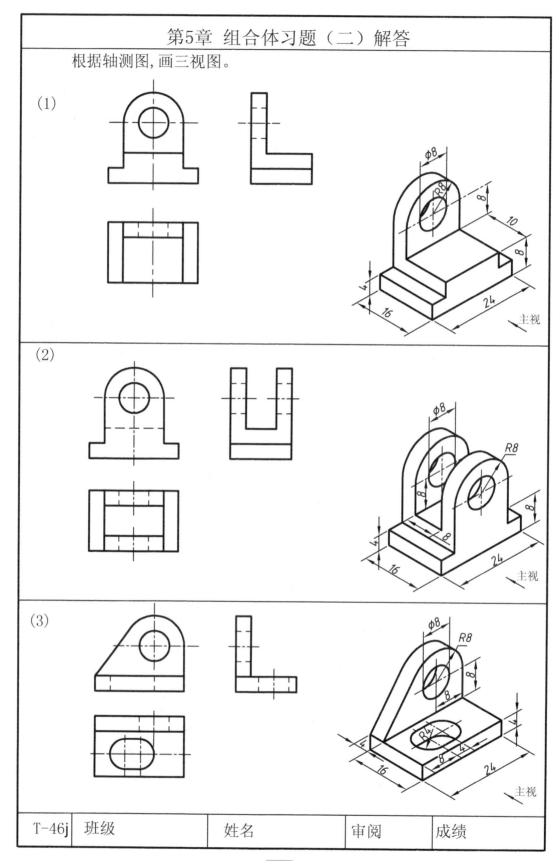

(1)

(2)

(3)

| T-46j | 班级 | | 姓名 | | 审阅 | | 成绩 | |

第5章 组合体习题（三）解答

根据轴测图和俯、左视图，补画主视图。

（1）

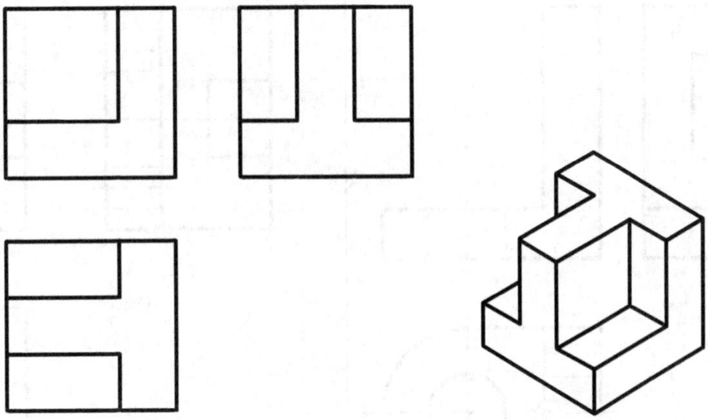

（2）

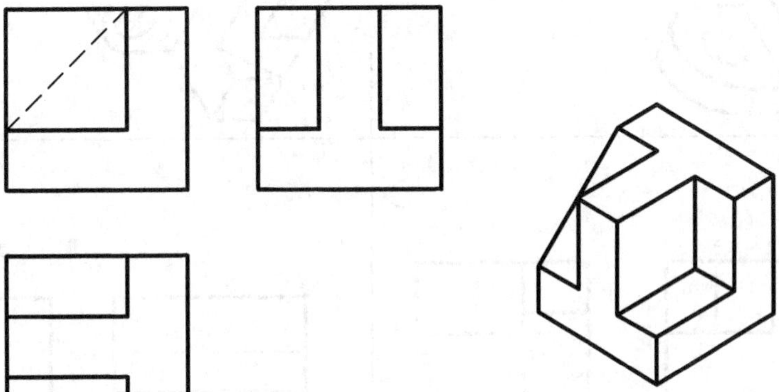

（3）

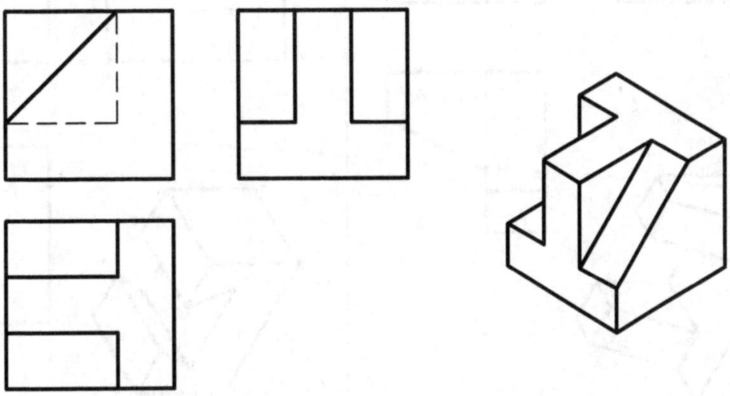

班级	姓名	审阅	成绩	T-47j

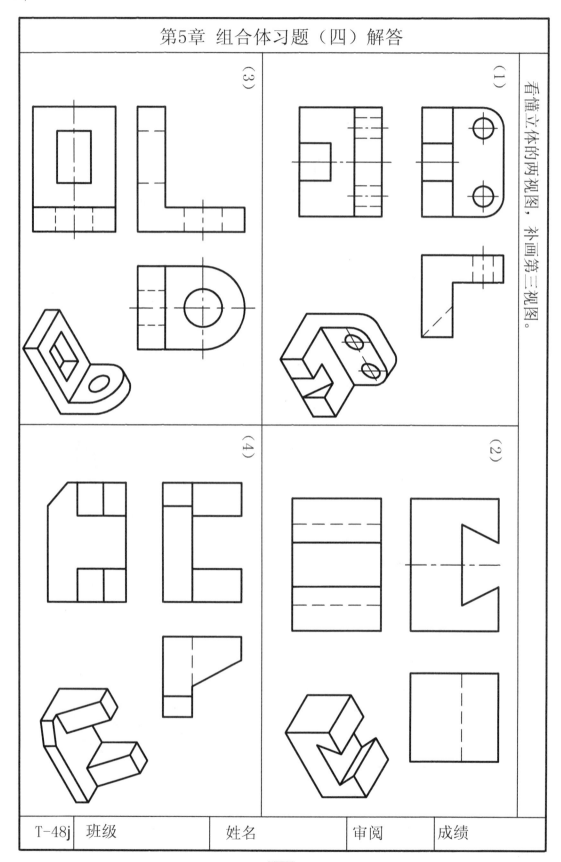

第5章 组合体习题（四）解答

看懂立体的两视图，补画第三视图。

| T-48j | 班级 | 姓名 | 审阅 | 成绩 |

第5章 组合体习题（五）解答

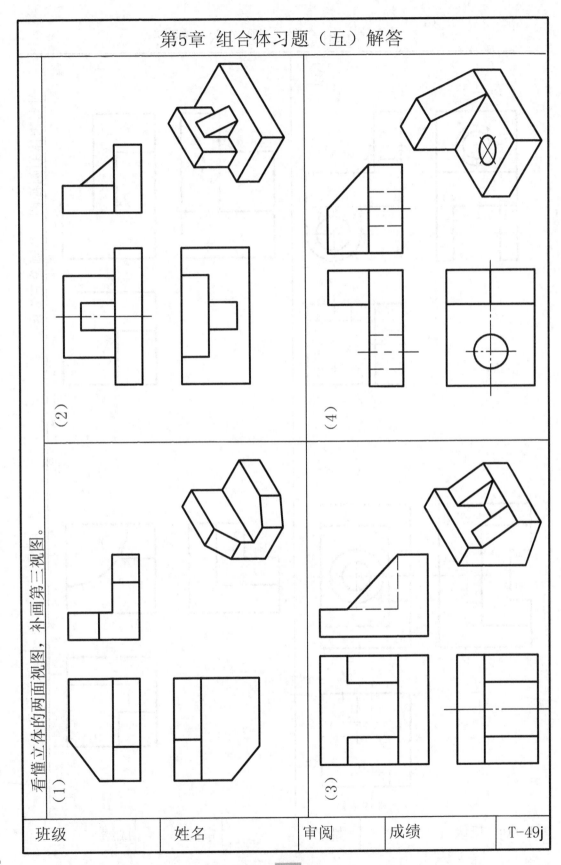

看懂立体的两面视图，补画第三视图。

（1）

（2）

（3）

（4）

| 班级 | 姓名 | 审阅 | 成绩 | T-49j |

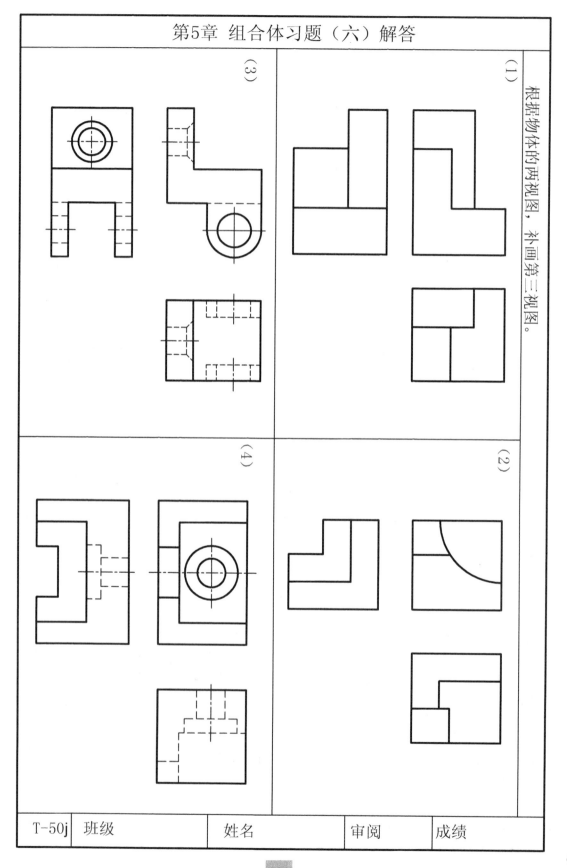

第5章 组合体习题（七）解答

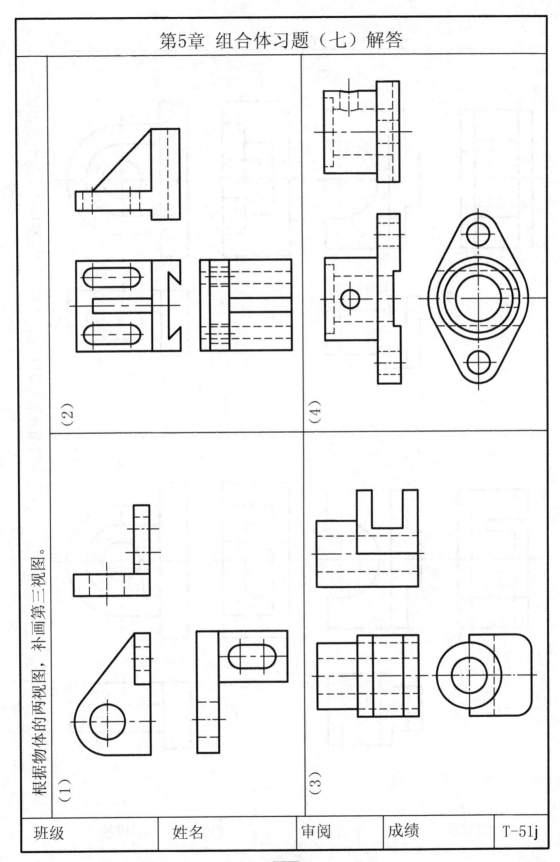

根据物体的两视图，补画第三视图。

(1)　(2)　(3)　(4)

班级		姓名		审阅	成绩	T-51j

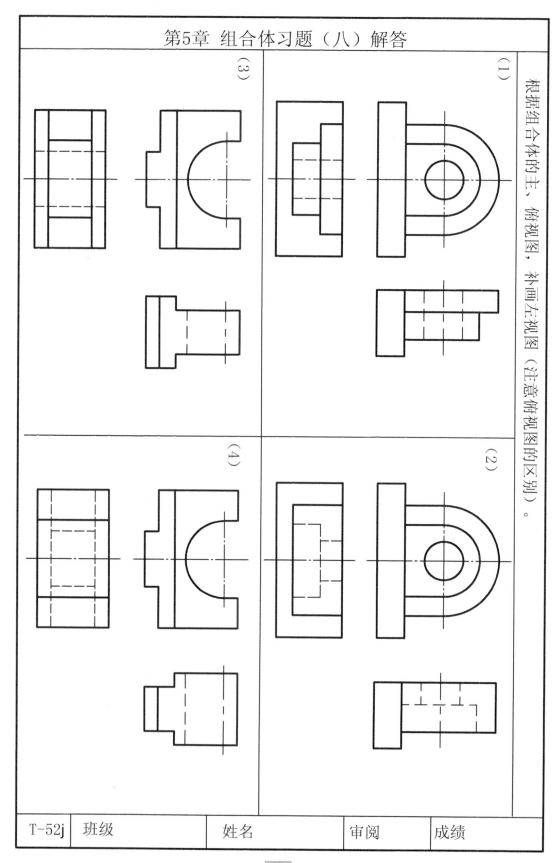

第5章 组合体习题(八)解答

(1)

(2)

(3)

(4)

根据组合体的主、俯视图,补画左视图(注意俯视图的区别)。

| T-52j | 班级 | | 姓名 | | 审阅 | | 成绩 |

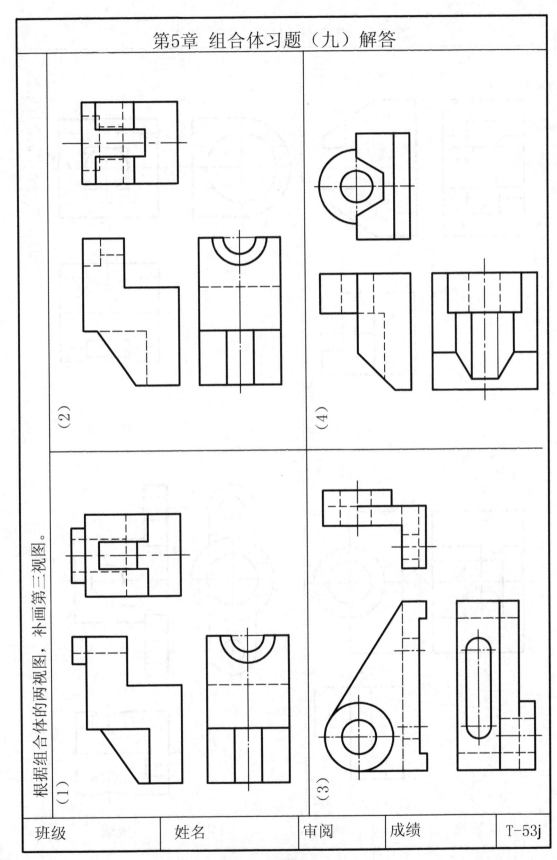

第5章 组合体习题（九）解答

根据组合体的两视图，补画第三视图。

（1）

（2）

（3）

（4）

| 班级 | 姓名 | 审阅 | 成绩 | T-53j |

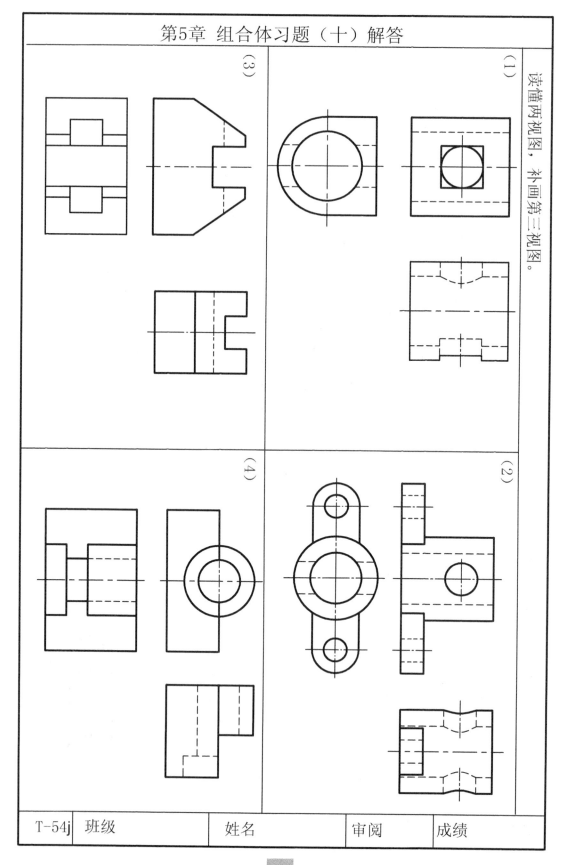

第5章 组合体习题（十）解答

读懂两视图，补画第三视图。

（1）

（2）

（3）

（4）

| T-54j | 班级 | 姓名 | 审阅 | 成绩 |

第5章 组合体习题（十一）解答

根据组合体的两视图，补画第三视图。

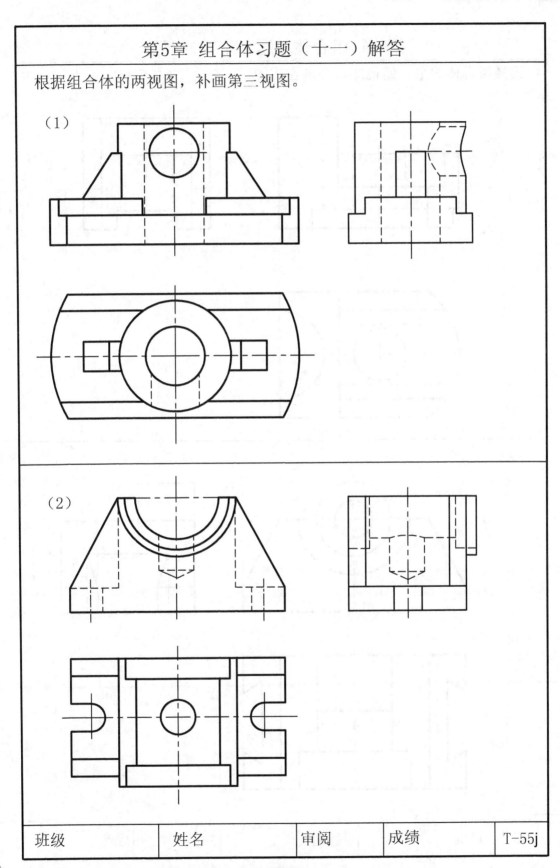

（1）

（2）

班级	姓名	审阅	成绩	T-55j

第5章 组合体习题（十二）解答

读懂组合体的主、俯视图，补画左视图。

（1）

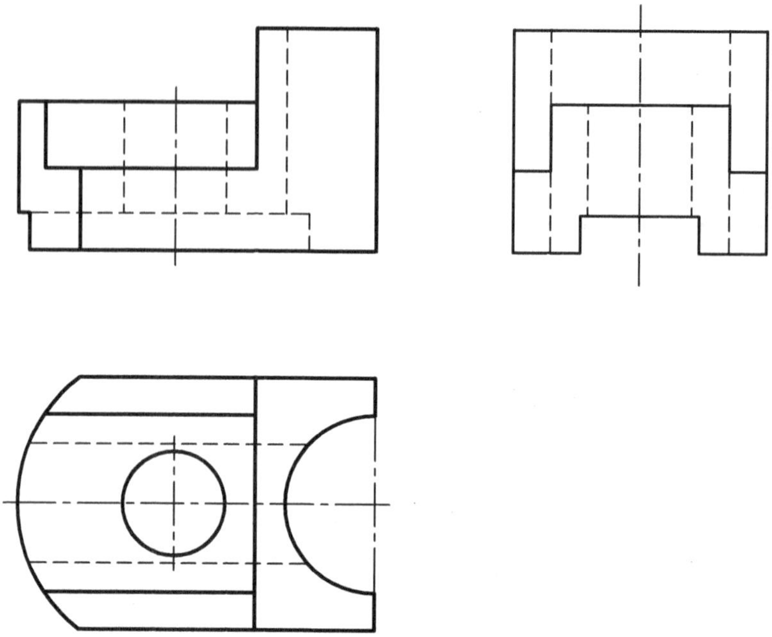

（2）

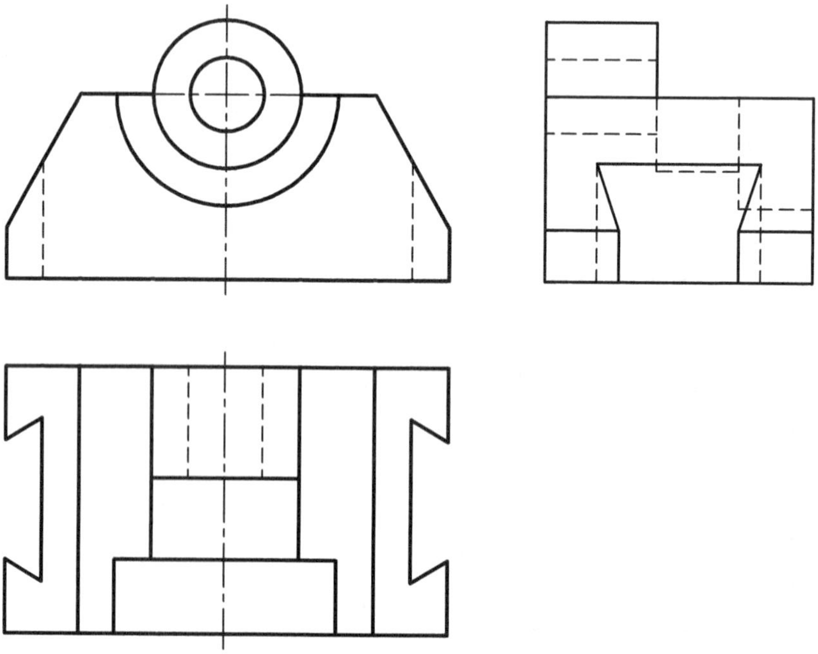

| T-56j | 班级 | 姓名 | 审阅 | 成绩 |

第5章 组合体习题（十三）解答

给组合体标注尺寸（尺寸数值直接从图上量取并取整）

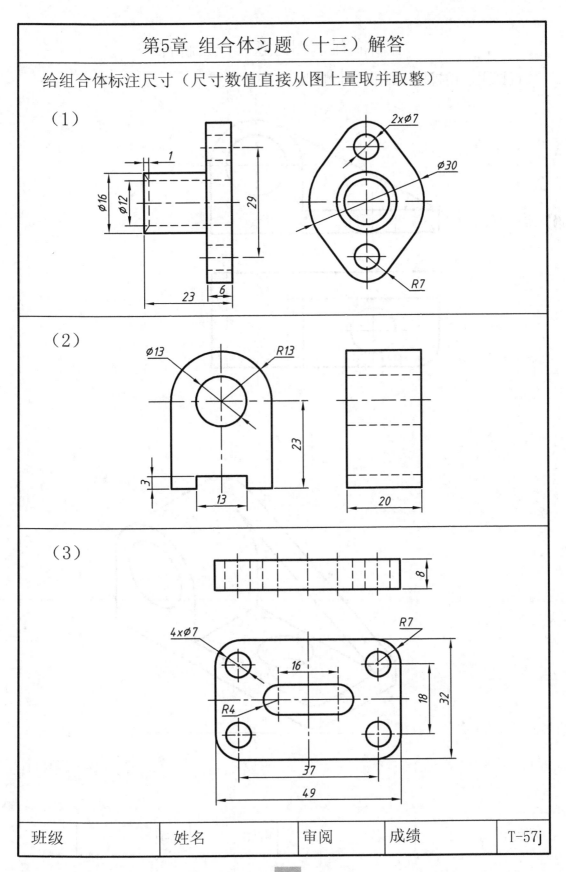

（1）

（2）

（3）

| 班级 | 姓名 | 审阅 | 成绩 | T-57j |

第6章 轴测图习题（一）解答

根据主、俯视图，画正等轴测图。

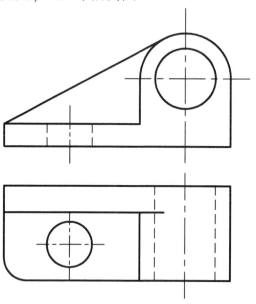

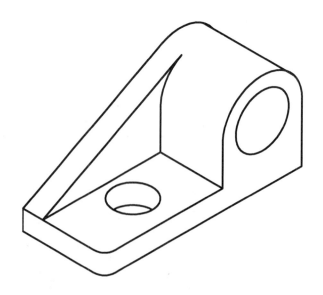

班级	姓名	审阅	成绩	T-59j

第6章 轴测图习题（二）解答

根据主、左视图，画斜二等轴测图。

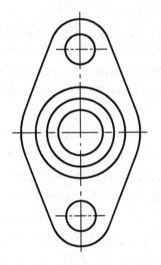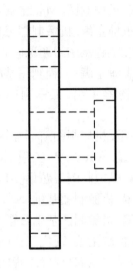

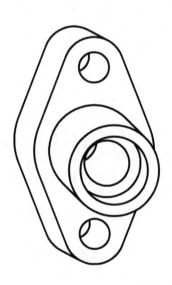

T-60j	班级		姓名		审阅		成绩	

参 考 文 献

［1］ 杨惠英,王玉坤主编. 机械制图[M]. 北京:清华大学出版社,2002.

［2］ 王兰美主编. 机械制图[M]. 北京:高等教育出版社,2004.

［3］ 杨惠英,王玉坤主编. 机械制图习题集[M]. 北京:清华大学出版社,2002.

［4］ 黄丽等主编. 工程制图习题课教程[M]. 北京:科学出版社,2006.

［5］ 周瑞屏,赵志海主编. 工程制图基础[M]. 哈尔滨:哈尔滨工业大学出版社,1997.

［6］ 马秀兰,王树盛主编. 工程制图基础习题集[M]. 哈尔滨:哈尔滨工业大学出版社,1997.

［7］ 孙开元等主编. 机械制图新标准解读及画法示例[M]. 北京:化学工业出版社,2006.

［8］ 杨巧绒等主编. AutoCAD 工程制图[M]. 北京:北京大学出版社,2006.

［9］ 王兰美主编. 机械制图习题集[M]. 北京:高等教育出版社,2004.

［10］ 赵安国主编. 机械制图基础[M]. 重庆:重庆大学出版社,1993.

［11］ 赵安国主编. 机械制图基础习题集[M]. 重庆:重庆大学出版社,1993.

［12］ 杨裕根,诸世敏主编. 现代工程图学[M]. 北京:北京邮电大学出版社,2005.

［13］ 杨裕根,诸世敏主编. 现代工程图学习题集[M]. 北京:北京邮电大学出版社,2005.

［14］ 左晓明编. 工程制图习题解答[M]. 北京:机械工业出版社,2007.

［15］ 肖立峰编. 工程制图与计算机绘图学习指导与提高[M]. 北京:北京航空航天大学出版社,2002.